菊池久一

電磁波は〈無害〉なのか

ケータイ化社会の言語政治学

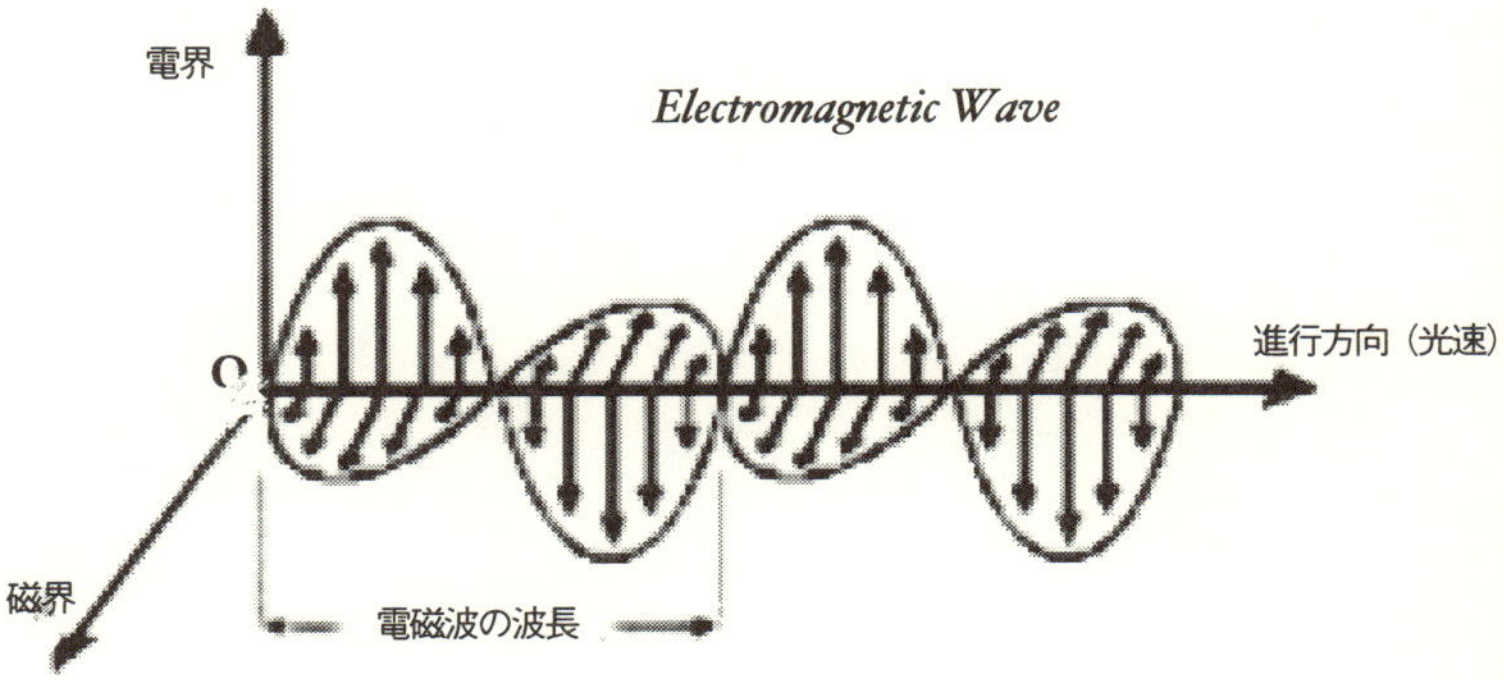

せりか書房

電磁波は〈無害〉なのか　目次

はじめに　8

第一章　電磁波空間　14
環境問題としての電磁波被爆／情報の貧困からの解放？／電波と空間革命
／空間的合意の形成／間接的ケータイ空間／「不法電波は犯罪なんだよ」
／「不法電波」概念の構成／電磁波無害言説／《帝国》的空間としての電磁波空間

第二章　意味空間を支える〈構成的権力〉　73
構成的権力の二面性／自由な意味空間／言語によって構成される法
／記号の特徴／記号の〈内（在）的な力〉／匿名性への志向／作出される意思
／言語的知性による事件の構成／マルチチュードと構成的権力

第三章　意味の自由　138
〈意味の自由〉／主体・著者・作者の意図／法人的個人の要請と匿名化
／「連帯」と「形式」／意味による連帯を阻むもの／ほどよい距離――権威の源泉
第四章　〈法〉の規則的伸縮性　189
電磁波有害言説の囲い込み／弱者配慮の欺瞞／規則的に伸縮する尺度としての法
／保障の実感
あとがき　214
参照文献　220

電磁波は〈無害〉なのか——ケータイ化社会の言語政治学

はじめに

株や企業買収といった世界に縁遠く、通信業界で仕事をするでなし、趣味でアマチュア無線をやるでもないその他多くの人びとにとって、「電波法」なる法律は、ひょっとして一生に一度もかかわりをもつことのないものかもしれない。二〇〇五年早々のフジテレビとライブドアとのニッポン放送株をめぐる攻防は、株をやっている人間でもなければ、ほとんどどうでもよい事件だったのではないだろうか。そんな筆者にとってちょっと驚きだったのは、メディアがこの問題を逐一報道するさなかのエイプリル・フール当日、総務相が電波法の改正案を通常国会に提出するよう事務方に指示したというニュースであった。ライブドアがニッポン放送株を大量取得して、敵対的買収などという文言がメディアを騒がせ始めたのは二月以降であるが、驚いたのは、法改正へと向かうその対応の速さである。現行では、外国企業や外国人の直接出資が合計で二〇％以上になると、放送局は放送免許が取り消される。電波法改正の意図は、外資が間接的に出資することを規制することにあるようだが、この突然の方針は、今回ライブドアが株購入資金を準備する段階で、米国系の証券会社が仲介するかたちをとっていたことに起因するのだろう。

ところでこの電波法に関しては、電波利用料の使途についても見直しが進められている。電波利用料の使い道はもちろん電波法によって制限されているわけだが、今回の見直しのポイントは、過疎地域などでの携帯電話中継基地の鉄塔建設にも使えるようにすることである。もし法改正がなれば、営利企業である携帯電話会社が国庫金である電波利用料を中継基地建設のために使えることになるわけだ。それは、日本の隅々にいたるまで携帯電話のマイクロ波でカバーすることを容易にし、「予防原則」による対応が求められる電磁波被爆の危険性を訴える言説はますます力を失っていくことを予測させるものである。このことが報道されたのは、二〇〇四年の七月であるが、大して関心を呼ぶニュースとはならなかった。（ちなみに、電波利用料の見直しについては、携帯電話分については値下げすることも同時に検討されている。背景には、携帯電話基地局の数に応じて徴収する電波利用料を、使用周波数帯に応じた課金に改めることで、徴収額が現行の数億円から約百億円に増えると予想されるという背景がある。ちなみに、導入した一九九三年度には約七四億円にすぎなかった電波利用料総額は、二〇〇五年度で六百五十億円ほどと、携帯電話の普及で急増したと言われている。このニュースは携帯ユーザーに直接関係するものであるが、二〇〇四年の十一月に報道された時点では、やはりそれほど大きなニュースではなかった)。

それも無理はないであろう。なぜなら私たちは、革新的な情報通信技術が可能とする、いわゆる「ユビキタス社会」の到来を待ちわびているという、否応なしにそんな社会状況のなかに組み込まれてしまっているからである。個人情報が漏れる可能性？　大丈夫、個人情報保護法があるではないか、といった程度の説得で、「不安」は単なる杞憂に終わる、そうした現実がある。現代日本における情報化狂想曲を批判する言説は、今やほとんど力を持たない状況にあるのだ。便利な社会というイメージだけが一人歩きする「ユビキタス社会」なる表現は、命名者による構想の内実はおろか、現実にどのような社会として実現されていくのか、まったく理解できないものであるにもかかわらず、それはとにかく好ましい未来社会であるかのごとく使われはじめている。

法の改正には、まずその誰かにとって利益となる目的が存在するはずだ。その誰かは、ほんの一握りの集団である場合もあれば、憲法改正のように、すべての市民にかかわりのある場合もある。だが法の改正は、この電波法改正にもみられるように、ほとんどそのかかわりを意識しない人びと、すなわち直接的な利害関係に置かれない人びとにとっては、その法を積極的に遵守するよう促すものではない。しかし、憲法改正のようにすべての人びとが直接かかわるものの場合は当然のこととして、電波法のように、一見かかわりのない人びとのほうが多い場合であっても、民主主義社会における法は、どのような法であっても、ある個人にまったくかかわりのないものは存在しないと考えてよいだろう。

問題は、法改正において、その法が直接みずからにはかかわりないと考える人びとに対しても、すなわち直接の利害関係者だけではなくて、できるだけ多くの人びとがその法改正がもたらす影響を知りうるために、可能な限りの広報がなされるべきなのだ。そうでなければ、法は、ただ罰則を逃れるためにのみ必要なものとなり、積極的に遵守するものではなくなってしまうだろう。それは「構成的権力」に支えられた法ではなくて、ただ上から与えられたものにすぎなくなるからである。

本書は、特定の社会を構想する人びとが用いる言葉の意味がどのようなプロセスで決定されていくのかという、言語政治学的な視点から構想されている。私たちの社会は、未来を構想するさまざまなキーワードによって、文字通り「構成」されていく。新しい法の制定も、既存の法の改正も、時代の雰囲気を捉える特定言説の支配的な「社会的意味」を構成することで、承認されていく。しかし、時流にのった支配的言説が、社会をつねに正しい方向へと構成していくとはかぎらない。また力をもつ言説は、隠された重要な問題を暴露しようとする対抗言説を、徹底的に「抑圧」する方向で「世論」を説得してしまうこともある。そのとき、日常的実践の場である私たちの生活世界は、まさに言説の闘争の場となる。そのような場で、みずからの生を、みずからのことばから紡ぎだされる「意味」をもとにして、みずからの世界を構成することを欲するのか否かが、ひとりひとりに問われることになる。本書での議論が、そうしたことを考えるための参考になれば幸いである。

第一章では、そうした「意味」を問うことを断念させる、今日の革新的情報通信技術の魔術的力によって構成される「電磁波空間」について考える。「電磁波空間」を、法的に許されている電磁波が人体に及ぼす影響はないとする「電磁波無害言説」と、電磁波の人体への否定的影響を「予防原則」的立場からその有害性について語る「電磁波有害言説」とのあいだで繰り広げられる、意味の闘争がなされる政治的空間として捉え、とくに現代日本の電磁波空間における「ケータイ化」をめぐるさまざまな「事件」に触れながら、電磁波有害言説を支える新たな共通言語確立の可能性を探っていく。第二章では、特定の社会的意味が、なぜ多くの人びとに支持されるようになるのかを、言語政治学的側面から考えていく。意味はもちろん何らかの形式にのせられて運ばれるのであるが、特定の意味を特定の形式にのせて繰り返すコミュニケーション的行為を促すものとして、「構成的権力」概念を借りて説明する。第三章では、特定の形式から自由に、発話主体の意図とは無関係に、意味自体が一種の行為体として機能する「意味の自由」概念について論じられる。「意味の自由」とは、「意味」は作者の意図として存在するものではなくて、「作品」そのものが作者の意図の影響力の及ばないところで独自の「行為体」として存在すると考えられ、作品の受け手は行為体としての作品から自由に、そして作者の意図からも自由に、みずからの意味を紡ぐことが可能な状況で実現されるものとして捉えられる。そこでは、特定の意味を押し付ける形式主義的コミュニケーション的行為は、意味の自由の侵害とみなされることになる。

　終章では、みずからの生を想像＝創造するために必要な空間を確保することの重要性について考える。私たちはともすれば、さまざまな基本権を、直接的にあるいは間接的に、しかも民主主義的に侵害されることがある。しかし、その侵害形態が民主主義的な姿をしていれば、批判の糸口さえ見出せないことすら起こりうる。そこは、形式主義が我が物顔でのさばる世界と言ってもよい。そんな世界で、支配的な社会的意味から自由に、みずからの生を構成しうる「意味」を紡ぎだす権利が保障されているという「実感」がもてなければ、おそらく抵抗も不可能となる。「意味の自由」という概念が、それを可能にするような力をもつことを描き出せていれば幸いである。

第一章　電磁波空間

環境問題としての電磁波被爆

環境問題ということばをあまり耳にしなくなったのは、いつ頃からだろう。私たちの住む自然環境がますます悪化しているのは、もはや疑いのない事実であるにもかかわらず、環境の悪化に対する危機感は、むしろ失われてしまったかにみえる。環境問題の存在を世に知らしめたレイチェル・カーソンの『沈黙の春』は、とくに食に関心をもつ人びとにとっては大きな衝撃であったにちがいない。日本でも有吉佐和子の『複合汚染』が環境問題がいかに深刻であるかを問いかける役割を果たしたものだ。その後環境問題は、マスメディアにおいてもさかんに取り上げられ、人びとの環境意識も高まりつつあった（はずだった）が、言を尽くして語られれば語られるほどその重要性が薄まっていくという法則を実現させるかのように、いつの間にか関心が失われてしまったのではないだろうか。

これは印象論にすぎないかもしれないが、たとえば、ベトナム戦争で用いられた枯葉剤による、目に見える告発者としてベトちゃんとドクちゃんを連想させたダイオキシンの問題。テレビ朝日の『ニュース・ステーション』における、所沢産ほうれん草のダイオキシン汚染報道は、そうした傾向を強めていくひとつの契機ではなかっただろうか。その後すぐ、『ダイオキシン――神話の終焉』(2003)といった本が出版されたのも、そうした流れを勢いづかせるものだったように思われる。最近では「環境ホルモン」の問題についても、同様の流れをみせたのは記憶に新しい。環境ホルモンとして指定された化学物質は、化学業界などの反対もあってその数を縮減されている。[1]

思えば日本社会において、ある種の言説の流行は爆発的であると同時に瞬時に忘れ去られるという現象がみられるのは、環境問題に限らない。それは、何をやっても無駄、どうせ何も変わりはしないという「政治的無力感」のようなものが、あまりにもひろく私たちのこころのなかに広がってしまったからではないか。もしも自然環境の破壊が人間そのものを壊してしまうという「世論」が持続していれば、憲法十三条の「幸福追求権」や二十五条の「生存権」を根拠にして、いわゆる「環境権」を基本的人権のひとつとして憲法で保障すべきだという議論が、憲法改正における大きな争点となっていいはずだ。一時期、「環境権」を盛り込むことをうたう「加憲」などということばも使われたりしたが、そもそも今回の憲法改正論議の最大の目的は九条の問題であって、「加憲」のみならず、「論憲」、「創憲」は言うに及ばず、「護憲」でさえ空々しく響く昨今の政治的言説状況において、ほとんど影響力がない。たしかに、先ごろ出された衆院憲法調査会の最終報告のなかでは、「環境権」を「新しい人権」のひとつとして規定すべきだとする旨の主張がなされたと報道されてはいるが[2]、本当に創設できるか否かは、環境権といった権利が切実なものであることを、どれほど多くの人びとが認識しうるかにかかっている。

本章では、まさしく環境問題のひとつであるにもかかわらず、そのような認知を得られていない電磁波をめぐる諸問題について考えてみたい。最初にお断りしておきたいのは、以下の記述は、とくに携帯電話のマイクロ波被爆を劇的に減らすべきだとの立場から書かれているが、それはたんに被爆による影響を受けている「少数」の人びとの「告発的」視点からだけではなくて、むしろ電波の被爆は、すべての人びとにかかわる問題であるとする視点から議論されるべきなのだ。電波は、等しく、誰に対しても影響を与えるものである。しかしその影響がどのようなものであるのかは、いまだ「合理的」には説明されていない。しかし、現在電磁波は、その否定的影響が疑われるものとして出現している以上、そのことについて考える必要がある。その結果、現状のままで問題なしということであれば、それでもよいだろう。以下の問題意識が、単なる杞憂に終われば幸いである。しかし、私たちはいま、どのような選択をするのか、それが求められている問題だと思う。

さて本章では、電磁波の問題圏を、電磁波空間という政治的空間のなかで、法的許容量内の電磁波が無害であるとする言説と、逆に「合法的」基準それ自体に問題があるとして有害であるとする言説の政治的闘争の場として捉えてみたい。ちなみに、両言説とも、強度の強い電磁波が人体に有害であることは認めていることから、これらの言説は、何をどこまで許容するのかを定める法をめぐる闘いでもあることが理解されよう。

人体に対する電磁波の有害性をめぐる言説は、日本では社会的に認知されていると見なすには程遠い状況にある。マスメディアにおける報道は皆無とは言えないが、むしろ多くの人びとにはほとんど知られていない問題である。「社会問題」として認知されるためには、特定の問題について繰り返し報道される必要があるが、とくに現代社会において有効なテレビ報道は、実際には十分になされていない。それでも電磁波被爆に関連すると思われる事象としては、たとえば子供たちに関わる問題として、「ゲーム脳」や、「ネット依存」によるコミュニケーション能力の消失、テレビ視聴時間と情緒発達との関連性、親のライフスタイルの影響による睡眠不足と情緒障害といった問題は、かなり知られるようになってはいる。とくに、子供たちが引き起こす耳目を集める社会的事件によって、そうした問題が注目されている。あるいは、ＡＤＨＤ（注意欠陥多動性障害）、ＬＤ（学習障害）、自閉症といった、教育現場において徐々に知られるようになってきている（がまだ十分な理解を得られていない）問題も、報道されている。しかしその一方で、子供たちの理解を超えた現象を、すべて「キレル」という表現で説明可能であるかのような、一定の言説空間に閉じ込めるといった傾向も観察される。

かりに、「ゲーム脳」といった現象が「科学的」論証を伴っているという社会的認識が存在するとすれば、子供たちにみられる（そしてもちろんそれは子供たちだけではないが）、いわゆる「電磁波過敏症」と呼ばれている「不可解な現象」も、「科学的」に論証しようという機運も高まっていいはずだと思われるが、現実にはそうなっていない。とくに子供たちの行動における急激な変化の背景を、家族や子供たちを取り巻く社会的環境の変化といった社会学的観点とも、またそうした社会学的見地から出される問題に対して明快な解答を与えようとする心理学的言説とも異なった視点から、すなわち、電磁波被爆の疫学的影響という「科学的」な見地からなされる議論の盛り上がりが、強く望まれる。現段階では、そもそも電磁波が本当に人体にまったく何の影響も及ぼさないのかどうかは、少なくともまだ「証明」されたと言える状況にはない。

九〇年代半ば以降、携帯電話が急速に普及する時期と睡眠導入薬の売れ行きが急激に伸びた時期がほぼ重なることや、また同時期にうつ病が増加し自殺者が増えた現象が、覚醒作用があるとされるマイクロ波被爆との関係がないのかどうかを調べる疫学的研究が必要ではあるまいか。ちなみに、二〇〇三年度における日本の自殺者は、三万四四二七人になったと報道された（『毎日新聞』2004/7/23）。一九九八年以来、六年連続で三万人を超えているという。この間の特徴として、経済・生活苦を理由にする自殺が急増しているとも言われる。[3]もっとも多い理由は、「健康問題」であるとされるが、もちろんその内実は正確には捉えられない。自殺の動機はあくまでも、遺書の内容や周辺捜査などをもとに警察が推定・特定するものであり、健康問題は言うに及ばず、経済・生活苦の背景にはうつ病などが関連しているかもしれない。動機の分類は、社会的精神的なカテゴリーによるが、たとえばいまや日本を覆いつくす携帯電話のマイクロ波被爆によるうつ症状への影響といったものをある程度「科学的」側面から捉える研究も必要ではないだろうか。マイクロ波被爆によって脳内（神経伝達）物質であるセロトニンやドーパミンが影響を受けることと、うつ状態ではそれらが減少することから「選択的セロトニン再取り込み阻害薬」や二〇〇〇年に発売された「セロトニン・ノルアドレナリン再取り込み阻害剤」などがうつ病の治療薬として用いられていることとの関連性はどのように解釈されうるのだろうか。

もちろんこれはあくまでも推測ではある。電磁波とうつ病との因果関係を「合理的に」説明できない以上、現代社会においては支持されえない考え方であることは十分承知している。しかし、自然界には存在しなかった人工的なマイクロ波に二十四時間曝され続けることに、現段階で安全宣言を出すことは、後世の人びとに対してあまりにも無責任であると言えるのではないだろうか。大人よりも子供たちの頭がそのサイズからみて、マイクロ波に対してより共振性があるとされることも気にかかる。もちろん子供たちがかかわる「不可解な」事件や現象が、すべて電磁波によるものであるなどということはあり得ないであろうし、原因をひとつに特定することも間違っているだろう。しかし、そのような可能性を示唆すると考えられる現象が実際に起こっている以上、単に社会学的・心理学的言説で説明するのではなくて、より「科学的」にみることが可能な疫学的な視点からなされる研究が早急に望まれる。

もちろん、「電波法」及び関連法令が存在し、現代日本の電磁波空間に存在する電波は、それらの法にしたがっているかぎり、無害であるとされている。その根拠である電波強度も、とりあえず「科学的」に決定可能であることになってはいる。しかし、法が決定することが、すなわち合法的であることが、すべて正義にかなっているものでないことは、例をあげるまでもないだろう。現実に、日本のみならずさまざまなところで電磁波の危険性が指摘されており、また「科学的」であることをみずからの存立基盤とする科学者たちのなかにさえ、その危険性を主張する人びとも少なからず存在する。[4] 以下、電磁波空間といった特定空間の存在を認識し、そこでは具体的にどのような問題が浮上しつつあるのかを、言説編成のプロセスを重視する言語政治学的視点から考えてみたい。

さて、環境問題としての電磁波被爆の問題を理解するために、手始めにつぎの三点を確認しておきたい。第一に、「法」がすべてを左右する次元にある点である。特定の電磁波がよりよい環境への権利を侵害するものであるか否かは、法が定めた電磁波強度によって決定されるが、逆に言えば、その範囲内であれば、あらゆる電磁波は合法的なものとなる。第二に、電磁波は目に見えず、耳にも聞こえず、そしてまったく臭いもないことから、その有害性が理解されにくい点である。大気・水質汚染、ごみ焼却場や原子力発電所といった環境問題とは異なって、電磁波無害言説への対抗は、まず言説レベルでの、説得力をもつ対抗言説の構築が求められる。第三に、「電磁波過敏症」を、個人の資質と結びつけて捉える傾向がある点である。これは「化学物質過敏症」にも当てはまるが、まさに「過敏症」という名前が示唆するように、特異体質であるとか、精神病的なものであろうとされ、各人の個体差レベルの問題として片付けられることだ。[5] この点は、無害言説を主張する側が積極的に利用する場合があることからも、対抗言説をつくりあげるためには重要な点である。

これら三つの点は、有害言説と無害言説の意味の闘争において、さまざまな言説事象として顕在化する。たとえば、マスコミによる、有害言説の無視である。携帯電話中継塔建設や高圧線敷設への反対運動、あるいは「電磁波過敏症」の存在についてはほとんど無視されている状況にある。とくに、現代日本における「世論」形成のもっとも有効な手段としてのテレビが、ほとんどそうした問題について放送しないのである。もちろんそうした背景に何らかの圧力の存在を推し量るのは容易であるが、しかしそれはマスコミ側の姿勢だけの問題としてみることは誤りであろう。営利企業でもあるテレビ局は、受け手が多数存在すると考えれば放送することがあるように、むしろ、情報の受け手である側にも何らかの問題があると考える必要がある。それは、多くの人びとが未だに電磁波問題に関する「理解＝想像可能性」を共有していないことに起因するのではあるまいか。たとえば戦争の被害者といった形で、とくにその犠牲者が目に見えるかたちで提示されるのとは異なり、電磁波の被害者は、衝撃的なかたちで視覚的インパクトを与えないことから、多くの人びとがみずからの過去の経験によって未知の経験を想像することが、きわめて困難な存在なのである。

そのように考えると、電磁波被爆の危険性が認知されるためには、いくつかのハードルを越えなければならない。第一に、そもそも電磁波被爆の危険性それ自体、社会的認知がなされていない状況を打開しなければならない。[6] 環境問題の議論においてはもっとも重要な考え方である、いわゆる「予防原則（Precautionary Principle）」が求められている問題であるが、疫学的にも病理学的にも、現代社会の電磁波被爆の危険性をはっきりと証明するデータがまだ少ない現状であり、それを根拠に、許容電磁波強度の変更もなされないという状況にあることが、この問題を政治の俎上にのせることを難しくしている理由である。「不可解」な現象を説明するためのデータを提供するであろう、電磁波の影響という視点からなされる疫学研究が行われるべきであるとの「世論」形成を促すことが求められている。

第二の問題点は、かりに電磁波被爆の危険性が実験室レベルで認定されたとしても、社会的移動を特徴とする人間社会にそのまま当てはまるとは捉えられがたいことである。したがって、公表された論文等に従えば、必ずしも電磁波が有害であるとの結論は、現段階では下されようがないのである。[7] それは、ある特定の「電磁波過敏症」という症状を引き起こしたと考えられる直接的原因をつきとめることが困難であるという思考に基づくものであるが、すでにその危険性を指摘する研究報告も蓄積されており、それらをさらにひろく知られるようにすることが求められる。

第三に、電磁波に反応して体に異変が起きていることは本人が一番強く認識するわけであるが、臨床例が少ないことから、「電磁波過敏症」であることの医学的判断の基準も確定していなければ、その積極的治療法といったものも存在しないという問題がある。[8]

第四に、じつは「電磁波過敏症」を自覚する人間にとってはこれが一番つらいのだが、周囲の無理解がある。電磁波および磁場は、電気が使われる場所ならどこにでも発生する。電磁波被爆は、距離が遠くなればなるほどその影響力は弱まる。しかし、電磁波に対して極度に敏感になると、電磁波の影響力について知っている人でさえ理解に苦しむような非常に弱い電磁波にも反応するようになる。ところが、電磁波に反応して体が不調を訴えるという感覚を一度も経験したことがない人には、それを皮膚感覚で理解してもらうことがほぼ不可能であるように思う。まして、これほどまでに普及した携帯電話のマイクロ波によって影響を受けることなど、ほとんどの人びとの理解を超えたものとなる。たとえば、一緒に生活する祖父母でさえ、孫たちの置かれている状況がそれほど深刻であることに思い至らない。電磁波が体に影響を及ぼすのだということを聞いて、とりあえず言説的には理解したとしても、ついテレビをつけたり、電子レンジのスイッチを入れたり、携帯電話を使用してしまうのである。[9]

第五として（政治的空間としての電磁波空間の問題としてはこれがもっとも重要な課題であると思われる）、「民主主義」の名のもとに適用される法の問題がある。たとえば、携帯電話のマイクロ波被爆の問題は、電波法および関連法令によって定められた電波強度やその発信方法などが「合法的」に認められており、そのような法を根拠とした電波の発信を停止させることが不可能となっている。もちろんこの問題は、法の起源の隠蔽ないしは議会制民主主義の限界といったより広いコンテクストで議論される問題である。

これらの問題は、電磁波無害言説と有害言説とのあいだの意味の闘争の問題として捉えることができるというのが筆者の立場である。後述するように、人びとの生の空間をより自由なものにしていくためには、ある特定の社会的意味が権威性を帯びるプロセスを解明する必要があると考えている。本章で電磁波空間について取り上げるのは、この空間が、意味の闘争の場となる政治的空間であり、どのようなプロセスを経て社会的意味が構築されていくのかをより具体的に説明できると思われるからである。

まったく対策のとられていない電磁波問題をこのような観点からみていくと、「〈人間〉は神と自然を殺害し、そしておそらくは自殺しつつある」（ルフェーブル 2000:126）ということばがますます真実味を帯びてくるのであるが、かりにも表現の自由が保障されているかぎり、電磁波が人体に有害であるとの言説構築は可能であり、よりよい環境をつくりあげていくことは可能であると信じたい。

情報の貧困からの解放?

電磁波空間を政治の俎上にのせることが困難なのは、ひとつには、抽象空間を個人の権利の名において統御できるという合意がなされていないからである。電波が流れる空間は皆のものであって、同時に誰のものでもない。ましてや特定の個人の所有物でもない。特定の地理的境界に基づいてある場所を自分の領土であると宣言することは可能であっても、その土地を覆い隠す空間となれば、事はそう簡単ではない。かりにその土地の境界線を垂直に上に伸ばした空間領域もその特定個人のものであるとしても、その空間領域内部に流れ込む電波は、その土地の所有者が認めたもの以外は一種の不法侵入電波であるとして、電波発信者を処罰できるわけではない。

電波には色もなければ匂いもない。また一般的に電波の存在は、生物体である人間の肉体が感知できるものではない。渡り鳥の帰巣本能の一部である方向を知る機能が失われつつあるひとつの理由として電磁波が考えられるそうだが、おそらく鳥たちが何らかの変化を感じ取るように人間が電波の存在を感じ取ることは、電磁波に極度に敏感に反応するようにならないかぎり無理であろう。

現代社会においては、電波は人間にとって有益ではあれ、空間的には障害にはならないという合意が形成されている。それは、戦後の高度経済成長期に成し遂げられた電化政策に負うところが大きいかもしれない。その電化について、レーニンは、「十月革命の本質と目的を一言で述べることを求められたとき、「電化・プラス・ソヴィエト」という、「奇妙な定式」を与えたという。「貧困の問題は社会化や社会主義によって解決されるのではなく、技術的手段で解決されると示唆されている」(アレント 1995:99)ということは、マルクス主義とは社会主義的改革によって社会問題を解決するというイメージで捉えている者にとっては、やや唐突な響きをもつ見解である。H・アレントによれば、「社会化と対照的に、テクノロジーはもちろん政治的には中立的である。それはなんら特殊な統治形態を前提にもしなければ排除もしない。いいかえれば、貧困の呪いからの解放は電化によってもたらされるが、自由の確立は新しい統治形態、すなわちソヴィエトによってもたらされるであろうということになる」(99)。たしかにレーニンが目指した共産主義革命は、最終的段階として新たな共産主義国家の建設を目指したものであった。結局レーニンは権力の奪取には成功したのだが、旧い国家そのものを消滅させたわけではなかった。

アレントのこの短い文にもあるように、テクノロジーそのものは、ある種の権力がある程度まで管理可能でり、また「特殊な政治形態を前提にもしなければ排除もしない」。すなわち、君主制であれ貴族政治であれ民主制であれ、国家形態を問わずに存在可能なものである。そして現代の私たちは、現存する国家を転覆して新たな国家を建設することではなくて、自分たちが置かれている政治的空間がどのような性質のものであるかを把握することによって、より正義にかなう政治的空間を創造しなければならない状況に置かれている。それはネグリの表現を借りれば、国家体制を転覆することではなくて、国家空間内部における「絶対民主主義」を実現するために、「レーニン主義的構想の空間的位相」(ネグリ 2004:224)を明らかにするということでもある。

すでに私たちは、電磁波の存在しない空間を確保することは不可能である。それは、そもそも自然界には電磁波がすでに存在するからとか、人工衛星から送られる電磁波が地球上あらゆるところに降り注ぐからといった理由からではない。むしろ、より日常生活レベルでの話として、いまや電気と電波のない生活がもはや想像不可能な地点にいるからである。

ＩＴ（情報技術）革命というより、「ＩＴ主義」とでも呼べる思想が、私たちの思考を支配していることは誰も否定できない。私たちは、なぜ「情報」にこれほど神経質にならなければならないのだろうか。デジタルデバイド（情報格差）などという言葉は、あたかも情報格差はテクノロジーの問題にすぎないという印象を与えるためにつくりだされたかにみえる。本来情報が出し惜しみされたり完全に隠されたりされるのは、情報技術そのものとは何の関係もない。それはそのような技術を利用する権利を誰かが占有する、ということに問題があるのである。アレントのことばにも示唆されているように、問題は情報を管理する権力がどこにあるかという問題なのである。それは、「ケータイ化・プラス・現代社会」という「奇妙な定式」を押し付ける権力とは何なのかを明らかにするということでもある。本書では、現代社会における携帯電話狂想曲への誘《いざな》い状況を「ケータイ化」と呼ぶことにしたい。

ところで、現代社会における「ケータイ化」は、何からの解放をめざすのだろうか。またケータイ・ユーザーは、そもそも何かからの解放を求めているのだろうか。まさか電気の灯を燈すことを目的とした戦後の状況と同一レベルでの、電波未到達地域からの切実な要望が、携帯電話使用可能領域の急速な拡大の最大の理由であるとは考えられない。いわば「ケータイ化」は、「電化」とはあきらかに異なる空間的位相で捉える必要がある。戦後日本の「電化」政策、すなわち電気の通らない地域の解消は、おそらく電気のない生活を余儀なくされた山間地域の人びとからの強い要請に応えるという側面があったと考えられるが、[10] ケータイ化はそのような要請によって推進されているという捉え方は正しくないと思われる。すでに固定電話が使用可能になっている時点において、どうしても携帯でなければならないという地域は、そう多くないのではないだろうか。その証拠に、現在のケータイ化の第一の理由として挙げられるのは、デジタルデバイド（情報格差）の解消であって、電話の未敷設地域のそれではない。もちろん豪雪地帯などにおいては、電話線の切断という事態が予想されることを理由に、自治体が携帯電話会社に中継基地の設置を要望することはあっても、すでに防災無線システムを整備してきた自治体において、あえて携帯電話を使用可能にするためにさらに多額の税金を使う必然性はとなれば、必ずしも全面的に賛成という人ばかりではないだろう。

第三世代と呼ばれる携帯電話は、音声だけを伝えるものであった初期のアナログ方式の携帯電話とは段違いの情報を伝達可能にする。いまだ人体への影響が明らかにされていないマイクロ波を被爆してまで、モバイルな環境で静止画像だけではなく動画まで受信する必要性は一体どこにあるのだろうか。すでに携帯電話は、単なる通信装置の域を超えて、カメラが付き、コンサート・チケットや電子マネーとしても使われるようになっており、将来的には情報家電の中心的位置を占めるだろうと言われる。それは、情報格差の解消とは無縁の次元で進化していることを示している。そのような状況のなかでなお、携帯電話を持たない者は、深刻な情報不足に見舞われるとでも言うのだろうか。換言すれば、ケータイ化は、情報の貧困からの解放という要請に支えられたものかどうかである。その答えは、おそらく、否である。すでにどのような山間部においても（南側が地形上何かによって遮られていないかぎり）衛星放送が受信可能である。しかも固定電話回線を通じてインターネットを使用できる現在、もはや最新式の携帯電話がなければ情報格差が広がってしまうという危機感が存在するとは思えない。

「欠乏」からの解放という側面があった戦後の電化のような、何かの欠乏からの解放という側面は、携帯電話にはみられないのである。ケータイ化は、あきらかに「欠乏」からの解放というメタファーでは捉えられないのである。

ではなぜ携帯電話を所有するのだろうか。便利だから、というのはここでは十分な解答にはならない。携帯電話が急速に普及する九〇年代半ばまでは、電車のなかの風景で目立ったのは漫画雑誌を読むという行為であったように思う。その少し前には、大人が漫画を読むことの社会的意味について議論がなされることさえあった。漫画や（スポーツ紙や夕刊紙といった）新聞を読むという行為は、時間帯にもよると思うが、都心の電車内でも現在ではほとんど目立たないし、[11] 実際非常に少なくなったように思うのは私だけだろうか。それに代わって現代では、携帯電話によるメールチェックやインターネット接続という行為が主流だ。電車のなかだけではなくて、ホームでのそれも多く目にする。そしてこの現象は、首都圏に限らない。廃止寸前のローカル線においてもまったく同じ光景が繰り広げられている。しかも、ローティーンから「熟年」世代にかけてと、その年齢層が幅広いのも共通しているように思う。[12]

こうした現象をみるにつけ、これは何かからの「解放」を目指しているのか、それとも何かへの「執着」をしめしているのか、それともまったく別の表現をもって描写すべきなのか、じつはよくわからないというのが実感である。つねに「呼びかけ」る何者かがいるという一種の確信があるがゆえに、つねにアンテナを伸ばして受信電波を発信していなければその「呼びかけ」のサインを逃してしまい、しかも一旦その「呼びかけ」に応答することを怠れば生命体としての存在が危ぶまれるとでも言わんばかりの表情は、何者（物？）かはわからないがその存在だけはたしかなものに対する、漠然とした恐怖感からの「解放」と言えば言えなくもないかもしれないが……。あるいはベンヤミン（1996:371-384）風に言えば、「経験の貧困」からの解放という夢想による経験の貧困化の促進といった説明が成り立つのだろうか。

電波と空間革命

かりに、携帯電話への過度の依存が、ある種漠然とした不安・恐怖からの解放を目指すものかもしれないという仮説があるとしよう。広く流布される言説では、狭い私的サークル内における自己の消滅や仲間との断絶を極度に恐れることが、携帯依存のひとつの理由であるという。そうかもしれない。その一方では、そのようななかでつくられる繋がりは、主として「即レス」（メールを受信したら即座に返信メールを送ること）といった形式によるものであり、そこには深い感情的共有を目指すようなコミュニケーションはみられないなどとする指摘も、現代ではなかなかの説得力を持っている。

そのようなコミュニケーションの形式および内容という観点からの議論は別としても、そうした「恐れ」が、具体的にどのようなものであり、またどこから生まれうるものであるかはわからないような、未来への漠然とした不安感が多くの人びとに共有されていると言うことは許されるであろう。そこに登場した携帯電話は、たしかに、自分の力ではもはやどうにもならない自分の生を構想する空間において、せめて一時的にでも、そうした空間から脱出しうるのではないかという期待を抱かせる魔法の杖となっているのかもしれない。

もはやどうにもならないような現状から脱出できるのではないかという期待を抱かせうる、現代においてもその神話的権威を失っていない物語は、『出エジプト記』である。この物語の象徴性に関して、「疎外と閉塞に苦しむ生活から歩み出て、人格の全体性を回復する自己実現の心理学的プロセスについても妥当するのではないか」（宮田 2004:207）とする観察は、ケータイという小さな金属塊を奇跡を可能にするモーセの杖にみたてれば、つねに奇跡の到来を待ち望むかのようなケータイ依存現象にも当てはまるようにみえる。もちろん、海が二つに割れるといった奇跡空間における革命的事件は、現実には起こりえない。しかし、『出エジプト記』における政治的象徴性は、心理空間における現代の空間革命を可能にするものではあると言えるだろう。

宮田の小論は、政治的象徴としての『出エジプト記』のもつ意味について述べている。旧いイングランドという《エジプト》から新大陸におけるニューイングランドという《カナァン》建設を目指したピルグリムの父祖たちや、一九五〇年代から六〇年代にかけてのマーティン・ルーサー・キング牧師による公民権運動などにみられる、「解放史の《象徴》としての《出エジプト》」（211）の物語は、その典型である。もちろん、携帯電話のユーザーは、息苦しい空間からの解放をつねに意識的に求めているなどといったことはないであろう。しかし、『出エジプト記』のもつ政治的象徴のなかには、解放という意味論的空間と表裏一体の、「選民意識」がもたらす負の側面も存在するとの指摘は、ケータイ空間を考えるうえでも重要なものである。

宮田は、アメリカの《市民宗教》には「超越的な力に訴え、偶像崇拝的なナショナリズムに対抗し、国家にたいして正義の道に引き返すように働きかける」預言者型のものと、「アメリカを地球上で最も偉大な国とみなし、自由の普及を宗教的な使命とする愛国主義と結びつく」ような祭司型のものがあるとする類型論を紹介したうえで、アフガニスタンやイラクへの侵略戦争を強行したブッシュ政権の行動原理を、後者の祭司型の言説から権威を引き出して正当化したものとしてみている。『出エジプト記』の影の部分とはすなわち、苦難の末にたどり着いた《カナァン》の地における、先住民に対する虐殺行為の正当化である。その正当化を許す言説のもつ権威性の根源に、「選民意識」があるというのである。

ケータイ空間における空間革命は、まずもって、とにかく通じるという驚きから始まるものだろう。それは、一種のスペクタクルによる空間革命である。もちろん、ケータイのユーザーたちは、「選民意識」などは意識していないに違いない。しかし、携帯電話に使用されるマイクロ波被爆に影響を受けていると認識する人びとに対する対応をみれば、一種の選民意識的なものを垣間見ることができるだろう。ペースメーカー装着者に対する配慮のなさは、そのような深層的意識から生まれるものであると思う。[13]

出口のない息苦しい現状から脱するという奇跡の到来を期待させるケータイは、その電磁波暴力によってさらに生きにくい空間の出現によって悩まされる人びとを、ケータイ使用者の「選民意識」によって消滅させることを可能にするものだと言えまいか。特定の社会的空間を支配する人びとの「出エジプト」的選民意識が強ければ強いほど、そのような空間に息苦しさを感じる人びとは、文字通り、逃げ場を失う。そのような人びとが逃避する空間の保障、そして彼らが息苦しい空間から脱出する権利は、そうした選民意識を正当化する言説からは生まれようがない。そのような空間から逃げ出すことが可能になるためには、自由な生を抑圧する空間からの「脱出の権利」を正当化する新たな空間を作り出す必要があるのだ[14]。

空間的合意の形成

ルフェーヴルの『空間の生産』には、「空間をつくりあげるひとびと（農民、手工業者）は、空間を管理し社会の生産と再生産を組織するために空間を利用するひとびと、つまり僧侶、司祭、軍人、代書人、国王と同じではない」（ルフェーヴル 2000:95）というくだりがある。空間をつくりあげる人びとと、空間を管理し利用する人びととは、携帯電話マイクロ波による電磁波空間においては、どのような人びとであろうか。携帯電話会社の経営責任者と、実際に中継塔をたてる人びとでは、その役割はあきらかに異なる。前者は電磁波空間を企画設計しつくりあげると同時に、電磁波空間の管理者でもある。後者は、そのほとんどは下請けとして雇用されるひとりひとりの労働者であり、また彼らは同時にユーザーでもある。「空間の生産者はつねに空間の表象にしたがって行動してきたが、これに対して「ユーザーたち」は、表象の空間においてかれらに押しつけられたものを、つまりこの空間に多少とも組みこまれそこで正当化されたものを、受動的に経験した」(89)というのは、住民と都市計画家との関係を記述する文章であるが、電磁波空間におけるユーザーと管理者との関係にも当てはまると言えよう。

電磁波空間という一種の抽象空間を管理する人びとは、実質上、同時にユーザーでもある。少なくとも携帯電話の使用という点から言えば、携帯電話会社の経営幹部は、管理者であると同時にユーザーであることは疑い得ない。とは言え、携帯電話のマイクロ波空間を管理する者と、管理される者としてのユーザーは、区別して捉えておかなければならない。中継基地からの電波強度の許容範囲を確定し、中継塔の建設申請を認可し、そこからの電波発信を許可する総務省は、やはり管理者として捉えておかねばならないだろう。そして最終的に、文字通りケータイ空間をつくりあげるのは、言うまでもなく多数の一般ユーザーである。視覚的にも中継基地の電波到達範囲は確定しがたいが、受信端末を手にする一般ユーザーの存在は、中継基地鉄塔と端末とのあいだに視覚的に認知可能な空間を構成する。また端末使用者同士は、どれほど離れていようとも、通信時には双方のあいだにケータイ空間の存在を認識せざるをえない。

対人的関係性によって構成される空間でもある「抽象空間は、対話と同様に、黙契、不可侵の協定、非暴力の準契約をふくんでいる」(105)というのは、電磁波空間に当てはめて考えてもよいであろう。ここで言う非暴力というのは、たとえば「街路では、通行人はだれでも自分が出会う人を攻撃しないものとみなされている」(105)といったような、物理的暴力の行使をしないことであるが、ケータイ空間について言えば、そのような意味での「非暴力」という概念は当てはまらない。たとえば、心臓のペースメーカーに悪影響を及ぼす可能性があるという事実は未だに多くの人びとに受け入れられている状況にはない。街路で出会う見知らぬ他者に攻撃を加えることが犯罪行為であるという認識と同程度に、見知らぬ他者の近く（どこまでが「近く」を構成するのかを明示するのは困難）でケータイ端末を使用することが犯罪行為であるという認識が広まるまでは、携帯電話マイクロ波空間の（非）暴力性という概念は生まれようがない。他者の存在する場における携帯電話の使用が犯罪であるという「空間的合意」(106)は未だに形成されていないのである。[15] しかも、「……抽象空間は、つまりブルジョワジーと資本主義の空間——それは財や商品の交換と結びつき、書かれた言葉や話し言葉の交換と結びついた空間である——は、他のすべての空間にも増して、合意に依存している」(107)というのであれば、上述のような「空間的合意」が形成されていなければ、そもそもそのような空間の存在自体認知されずに至っているのは、驚くべきことでもないだろう。もちろん空間的合意は意味の闘争によって決定されるものであり、どのような言説が勝利するかによってその内実はまったく異なったものとなる。

送電線や家庭の電気機器から放射される電磁波による電磁波被爆空間も、そのような意味では同じである。電磁波被爆の危険性が認知されていない現状では、そもそも危険な電磁波空間なるもの自体、電磁波無害言説が支配する空間的合意のもとでは認知されることはない。

携帯電話マイクロ波空間（より一般的には危険な電磁波空間）は、まさに生産されつつあるわけであるが、人体に有害な電磁波といった認識が共有されるまでは、そのような空間の存在は認知されないであろう。そうした空間の認知に必要とされるのは、おそらく「共通する言語」の存在である。「空間の〈規範〉を再建すること、すなわち理論と実践に――住民、建築家、科学者に――共通する言語を再建すること、それが戦術的に考えられる差し迫った任務である」(115)といった指摘は、このような文脈で捉えることができるだろう。電磁波空間の「規範」を構成する共通言語の再建とは、たとえばマイクロ波の人体への危険性を伝える新たな言語の生成である。それは、マイクロ波を含めて電磁波は人体に影響がないとする「支配的な傾向を逆転」する「空間の規範」(116)の再建につながるのである。

「規範」の抑圧的側面に対して違和感をもつ人びとにとっては、空間の「規範」を確定する「共通」の言語などという表現は許しがたいかもしれないが、公共空間において出会う人びとが互いに暴力を行使してはならないという「規範」に異を唱える人はいないはずだ。ここで問題にしているケータイ空間における「規範」とは、「マイクロ波被爆を避けるために、その送信を停止せよという発言は正当なものである」というものだ。

受動的なレベルでマイクロ波被爆を避けるための「規範」を描写する「共通する言語」はすでに存在し、多くの人びとによって受け入れられている。たとえば、携帯電話を頭部に密着させて使用することによって脳腫瘍が引き起こされる可能性があるがゆえに「アンテナは伸ばして使うべきだ」、「イヤホンマイクを用いるべきだ」、「長時間の使用は避けるべきだ」、あるいは「端末メーカーはそれぞれが発する電磁波強度を発売時に公表しなければならない」といったものがある。「……〈ユーザーたち〉は、表象の空間においてかれらに押しつけられたものを、つまりこの空間に多少なりとも組み込まれそこで正当化されたものを、「受動的に経験」(89)するという状況がそこにある。アンテナの長さ、イヤホンマイクの使用、使用時間の制限といったことは、すべて受動的なレベルで、ユーザー自身の責任においてなされるものであり、ケータイ空間管理者にとっては、じつはどうでもよいことなのである。

その点、端末の電磁波強度の公表を要請することは、若干意味合いが異なるかもしれない。それはユーザー自身にはできないからである。それでも各端末の電磁波強度の公表は世界的な流れであり、むしろ公表しないメーカーは逆に不利益を被る可能性があるという認識が広まりつつある現状では、ユーザーがこうした言語を用いて発言することは、とくに支障はない。

しかし、「マイクロ波の送信を停止せよ」という発言は、ケータイ空間を管理する側と真っ向からぶつかるものとなる。むしろ「電磁波は安全である」というのが、現代電磁波空間の支配的言説である。このように、ユーザーがテクノロジーの受動的使用者という存在を超え出ようとするときに、社会的空間の支配言語と正面からぶつかり合う事態は、ケータイ空間に限られない。原子力発電所、ゴミ焼却場、廃棄物の最終処分場といった実際に各地で衝突が起きている問題から、禁煙空間、学校内の化学物質排除といったより限定的空間における問題まで、その存在および建設の可否をめぐる支配的言語と、新たな規範を求める対抗言語との衝突にもみられる。

日本社会という空間を支える支配的言説が、原発にしても最終処分場にしても、そうした施設の存在する場所というローカルな地点からその建設に反対する言説は、いわばそれぞれの言説空間の占有域の大きさという観点から、その言説影響力を比較してもよいかもしれない。新宿に原発を建設すべしという主張が通ることは絶対にあり得ないと高をくくることができるのは、そうした事情によるものだ。有楽町に放射性廃棄物処分場を建設せよという主張も、空間管理者はもとより、都市住民の多くによって聞き入れられることはまずあるまい。原発に恐怖を感じる市民、廃棄物処理場に環境汚染の不安を掻き立てられる市民の数は、それによって恩恵を被る人びとからみれば、取るに足らないのである。一旦原子力発電所で大規模な放射能漏れが起きれば、東京はおろかお隣の朝鮮半島のみならず、遠くアメリカやヨーロッパの国々まで影響を及ぼすことは事実なのだが[16]、それでも敦賀や柏崎、福島や宮城といった原発立地地域は東京からの物理的距離だけではなくて、その心理的距離が遠いために、東京の住人には反原発の言説は理解されない。廃棄物の最終処分場にしても、東京人が口にする農産物がそうした場所からの有害物質に汚染される可能性があることも、やはりその心理的距離ゆえに届かない。一般的に言説空間においては、物理的距離よりも、言説がつくりだす心理的距離のほうが、人びとの態度決定に及ぼす影響力が強いと思われる。

ケータイ空間は、少なくとも心理的距離という点においては、これらの事例とは異なる。どこにおいても通じるという感覚があれば、その距離はゼロとさえ言えるかもしれない。つまり、東京という中心であろうが、（東京からみての）地方という周縁であろうが、マイクロ波は平等に降り注ぐ（ただしそれぞれの地形的物理的環境によって電波強度は異なるが）。もちろん、高い峰のある山間地域では都心の高層ビル群と同様電波が遮られることから、その電磁波強度が弱まるのは事実であるし、おそらく電磁波強度という点から言えば、地方都市やさらに山間部においては、都市部に比べるとはるかに弱いはずである。それでも中継塔は日本全国に散在し、山間部と言われる場所においても、人家のすぐ近くに中継基地の鉄塔が建っているのを目にすることは珍しくない。また山頂に建設される電波中継塔は、都心のビルなどの屋上に設置される小型のアンテナ基地よりも強力な電波が発信されている。さらに山間地域での携帯電話使用時における電磁波被爆量は、都市部のそれと比べると最大約六百倍にもなるとも言われる。[17]

原発や最終処分場といった問題はいわば周縁地域のみの問題として認識されているかもしれないが、それでも電磁波被爆量からみれば、むしろ都市部のほうが深刻であると言えよう。すでに都内の主要駅や一部の区域では、無線によるインターネットが使用可能になっている。また、日本の電車は、きわめて電磁波密度が高いとも言われている。実際に電車に乗って、安価なガウスメーターで測ってみても、その電磁波の強さに慄然とする。[18]電車内だけではなくて、ホームで電車を待っているときの電磁波強度にも唖然とさせられる。学校も含めてある程度の規模をもつ組織体では、無線ＬＡＮが当たり前の状況だろう。

間接的ケータイ空間

こうした電磁波空間は、ケータイ端末のユーザーが直接身を置く空間である。しかし、電磁波空間を政治の俎上に載せるには、間接的なものとして存在する空間も含めて考えなければならないであろう。たとえば、レア・メタル（希少金属）元素のひとつである「タンタル」の原料鉱石、いわゆる「コルタン」にかかわる問題圏がある。タンタルは、いまでは携帯電話にはなくてはならないものであるそうだ。携帯のCPUの機能を安定させるための超小型のタンタル・コンデンサーを製造するためには、このコルタンから精製されたタンタルを必要とする。このコルタンの最大の原産国が、アフリカ中部にあるコンゴ民主共和国である。

一九六〇年にコンゴ共和国としてベルギーから独立。その後、一九六七年にコンゴ民主共和国、一九七一年にザイール共和国と国名を変更し、一九九七年に再びコンゴ民主共和国に変更。九〇年代に入って以降政治的混乱がつづき、一九九八年には内戦勃発。九九年に一旦停戦合意が成立したが、混乱は現在まで続いているとされる[19]。

独立以前、すなわちアフリカ諸国における民族解放運動が力をもつ以前は、「ベルギー領コンゴ」などと呼ばれていた。解放運動に対するベルギーのとった解決策は、当時もっとも影響力をもつ民族主義指導者であったパトリス・ルムンバの暗殺であり、独裁者であるモブツ大統領の擁立であったと言われる。もともとコンゴは、銅、コバルト、あるいはダイヤモンドなどの希少鉱物資源が豊富な国であり、西側の多国籍企業に莫大な利益をもたらすという存在であることはよく知られている。コルタンがその略奪戦争の主役となったのは、いわゆるIT革命による。『ワシントン・ポスト』紙[20]によれば、コルタン鉱石から精製されるタンタルは、携帯電話のみならず、ジェットエンジン、エアーバッグ、ファイバー光学機器などさまざまなところで用いられており、それは西側諸国のみならず、コンゴ民主共和国の反政府勢力にとっても最大の収入源となっているようだ。点在する鉱山は、さまざまな反乱グループに支配されており、多国籍鉱山企業の所有ではないとされる。むしろそれら企業は、鉱山の所有権に拘ることなく鉱石を購入するのである。そして実際に採掘にあたるのは、身分も待遇も一切の保証など無関係に、いわば「自己責任」で参加する、搾取される存在として労働を提供する人びとである。

この問題は、ＮＨＫの番組でも紹介された[21]。その採掘シーンをみてもわかるように、露天掘りの鉱山で、安全対策などまったく存在しない極めて危険な状況下にあるようだ。実際に生き埋めとなる事故も発生しているとされる。そこでインタヴューに答えた男性の言葉が印象的であった。採掘している鉱物が何に使われるかを知っているかとの問いに対して、まったく知らないと答え、携帯電話だと告げられたときの、"Hah!"といった感嘆音を発しながらみせた、「へー、そんなものに！」とでも受け取れる表情がすべてを物語っているかのようであった。

アムネスティによる子供兵士の悲惨さを伝えるページには、コンゴやルワンダ、ウガンダなどの大湖地方とよばれる地域における子供たちを巻き込んだ戦争の悲惨さを伝えるなかで、コンゴ民主共和国のコルタンの六割から七割がルワンダ産として市場に出回っており、欧米企業の多くはルワンダ産ではなくオーストラリア産のコルタンを使用しているとされる一方、「日本のＩＴ関連企業では、ここに問題があることすらも意識していない場合が多い」と結ばれている[22]。もっともルワンダ産さえ使用しなければよいという問題ではないだろうが、比較考量的発想からすれば、こうした日本企業の姿勢は、少なくとも問題があることさえ意識していないという点で、より問題であることになろう。

インターネット上には、上述のＮＨＫの番組をはじめとして、それを見た一般視聴者による日記ふうの感想や本格的な論評、さらには良質のタンタルを使用する製品を製作する企業広告など、さまざまなものがある。しかし、携帯電話の一般ユーザーで、どれほどの人びとがそのことを知り、ましてやそのことで使用を止めてしまう人びとはいるのだろうか。タンタルについては、たとえばその採掘のための破滅的開発がゴリラをはじめとする野生生物を危機に陥れているなどの情報もあるようだが、それとてケータイ化を阻止する力になりうるなどとはまず考えられない。

もちろんこうした問題は、まさに「タンタル・ラッシュ」とでも呼べる現象のなかのひとつのエピソードにすぎないであろう。しかし、ゴールド・ラッシュ時代に金採掘を目指す男たちはあきらかに金というものの価値を知っていて命を賭けていたのとは異なり、タンタルを採掘する人びとは、泥の塊にしか見えないこの物質の価値さえ知らないというのは、皮肉と言って済ますことができないはずである。しかしケータイ・ユーザーの想像できる空間は、中継基地との、あるいは中継基地を経由して通信相手との間にあると認識できる目にみえる空間がせいぜいであり、ましてや、実際にタンタル採掘にかかわる人びととの間に存在するきわめて遠い政治的空間など、想像できないであろう。

マイクロ波にかかわる時間的空間の問題としては、モスクワ・シグナル事件がある。これは、米国でマイクロ波のような高周波による人体への影響がひろく知られるようになるきっかけともなった、一九七六年に明らかになった事件である。一九五三年ごろから問題が発覚するまでの間、モスクワにある米国大使館の建物に向けて、道路を隔てた向かい側のビルから比較的弱いマイクロ波が照射されていたことが明るみに出た。当時、大使をはじめとしてそこで働いていた職員の体調に異変が生じていたのであった。六〇年代から七〇年代初めにかけて勤務した三人の大使のうち一人が癌で死亡し、この問題が明るみに出た一九七六年当時現職であった大使も、癌か白血病が疑われたという。職員に対する帰国後の検査でも異常がみられたとされるが、米国政府は公にしてこなかったと言われる。こうした状況がひろく知られるようになったのは、一九七六年に『ボストン・グローブ』紙が掲載した記事や、Brodeur（1977）によるところが大きかったようだ。

モウルダー教授によれば、ゴールドスミス（1995）のように、大使館で働いていた人びとに対するマイクロ波照射が癌やその他の傷害を引き起こしたと主張する論文がある一方で、それを否定する論文も書かれている。たとえばリリアンフェルド他（1978）は、大使館勤務の職員および扶養家族一八二七人の症状と、他の東欧諸国の大使館勤務の職員および扶養家族二五六一人のそれを比較して、モスクワの米国大使館で働いていた人びとは、放射されていたマイクロ波被爆によって影響を受けたものとは言えないという結論を引き出している。

電磁波にかかわる心理的空間の問題としては、「電磁波過敏症」の社会的認知が進まない現状が改めて指摘されなければならない。現在、ユーザーとして、受動的に、たとえば電磁波を強く発生する電子機器から身を遠ざけるといった方法だけでは、もはや電磁波被爆の影響を逃れることは難しい。たしかに、たとえば新幹線などを利用するときには、モーター車載車両を避けるといった方法で、ある程度の電磁波被爆を軽減することは可能かもしれない。しかしいつも同じ形式の列車にのみ乗るわけにはいかない。窓口で首尾よくモーターを搭載していない車両の切符を手にすることも、そう簡単ではないだろう。モーター非搭載車両を教えてほしいなどと窓口でお願いしても、まず担当者は即答できない。よほど待たされるか、挙句の果てはわかりませんなどと言われるのが落ちである。だがもちろん、電磁波被爆は、距離を離せばそれだけ影響力を軽減できることは「科学的」には事実であるとされる。

ところが、一度電磁波に「過敏」に反応するようになると、携帯電話を使用しない、電子機器から身を放す、電車やバスに乗らないといった程度の受動的防御ではもはやどうにもならないのである。極端な場合には、微弱だとされる携帯電話中継基地から発せられるマイクロ波は言うに及ばず、六六〇〇ボルトしかないとされる一般の送電線（分類としてはこのレベルの送電線ももちろん高圧線である）から発せられる低周波磁場にも反応するようになる。こうなると、都心部は当然のこと、かりに携帯電話使用不可能な山間地域と言えども、送電線の近くには住むことはできなくなるのである。ましてや携帯電話のマイクロ波が届かない空間はますます狭まりつつある状況のなかで、マイクロ波にまで反応する「電磁波過敏症」である人びとは文字通り逃げ場を失いつつある。大気や水質の汚染を避けて暮らすことは可能であっても、携帯電話用のマイクロ波の届かない場所を探すことは、今日では極めて困難になってきている。米国の市民団体のサイトに載っている情報などによれば、「電磁波過敏症」の人びとの多くがみずからの症状が何であるのかを知らずに、また周囲の無理解もあって、最終的には精神病を疑われたり、場合によっては自殺するケースが少なくないとも言われる。

じつは、「電磁波過敏症」の人びとがそのように追い詰められていく背景に、犯罪被害者に対する周囲の否定的反応が被害者の回復を遅らせる状況に類似するものをみることができる。犯罪被害者の家族や友人などが、犯罪被害について被害者の口から聞いたりするときに、一旦は被害者感情を共有するのであるが、何度もそのことを聞かされるうちに、みずからも痛ましいものとして敬遠したくなり、無意識にそのような話題を避けるようになると言われる。被害者の行為や被害者自身のどこかになにか落ち度を見つけられれば、被害者から距離を置くことができ、同じことは自分には起こらないのだと自分を納得させることができるからである。一般的に心理学などでは、「二次被害」と呼ばれるものである。「電磁波過敏症」である人びとに対して、特異体質であろうとか、神経質すぎるのではといった捉えかたは、自分とは異なる点を見つけ出すことで自分には起こりえないと思い込み、みずからの心理的負担を軽くしようとする自己防衛反応的態度から生まれると思われる。ちなみに、このような二次被害は、「電磁波過敏症」のみならず、「化学物質過敏症」にも当てはまるし、差別的視線に曝される病気の犠牲者にも当てはまる。

こうした状況は、「電磁波過敏症」の問題が一般的にはほとんど知られていないことに起因すると言えよう。電磁波に過敏な状態は、たとえば何十万ボルトかの高圧送電線の真下や真横に住宅があるところは珍しくもない現代日本において、まず理解不能なのである。「電磁波過敏症」は、強度の電磁波被爆に一定期間曝されれば、誰もがなりうる症状なのだということが、なかなか理解してもらえないのである。それもしようがないのかもしれない。レーニンではないけれども、そもそも現代の「電化」である「ケータイ化」イコール「進歩」であり、生活の豊かさの証であるという根拠のない神話に支えられた社会においてはなおさらだ。ましてや何千万円もかけて新築したところがじつは危険な場所だったなどと認めたくもないのは、当然と言えば当然の反応だろう。とくに、高圧送電線下にいても何も感じない人間が、電磁波は危険だなどと言われても理解できないのは無理もないのである。

したがって、「電磁波過敏症」について何の知識もない人びとに対して、「電磁波過敏症」であることを「告白」するのは、やや勇気がいることになる。それは、「白装束集団」の迷走などというメディアの演出によって有名になった事例にもみられるように、特定の「電磁波」から逃れなければならないなどと言うのが憚られる状況がつくりだされる場合があるからだ[23]。インターネット上には、たとえば、特定の電磁波によって攻撃されているといった体験を語るホームページも存在するし、意図的な電磁波照射によるマインド・コントロールといった現象をテーマとするものも、日本国内のみならずさまざまなサイトが存在する。そこでは、モスクワ・シグナル事件への言及もあり、虚実混交のさまざまな情報が流れている。また、そもそも電磁波過敏症の存在を頭から否定する人びとの意見として、電磁波有害言説を主張する人びとをそのような「胡散臭さ」と結びつけて一方的に断罪するものさえみられる。このような状況は、さまざまな社会的差別事件に特徴的なものであるが、逆に電磁波無害言説の権威を維持するうえで大きく貢献しているのは確かである。

「不法電波は犯罪なんだよ」

このキャッチコピーは、二〇〇四年六月一日から一〇日までの電波利用保護旬間の期間中に一斉に首都圏の電車内や週刊誌などでみかけられたもので、ご記憶の方もいらっしゃるだろう。製作は総務省総合通信基盤局とあり、最下欄には「お問い合わせ先」として、北海道から九州までの全国十ヵ所に置かれた総合通信局および沖縄総合通信事務所のそれぞれの電話番号が掲載されているので、おそらく他の地域でも見られたのではないかと思われる。広告面では、いかつい表情の泉谷しげるが、左手の人差し指を正面に向かって突き出している。親指もまっすぐな状態で人差し指とほぼ直角に開かれ、小指もほぼまっすぐに伸ばした格好だ。この小指のかたちからも、怒りを込めたメッセージであることが伝わるようになっている。今手元にあるのは、ある週刊誌[24]の広告として掲載されていたものだ。よく見ると、泉谷の右胸あたりの部分には小さな文字で次のように読める。「不法に無線局を開設すると一年以下の懲役又は一〇〇万円以下の罰金 不法電波で公共の無線通信を妨害すると五年以下の懲役又は二五〇万円以下の罰金」とある。キャッチコピーの、「不法電波」および「犯罪」は、一際大きな文字で、しかも赤で目立つようになっている。あまり視力のよくない者でも、電車内でこのポスターを見かけると、少なくともこの「不法電波」と「犯罪」の文字だけは印象に残るようなつくりである。

たまたま筆者は、九日のニュース番組で、繁華街における携帯電話の違法中継局の摘発を進める関東総合通信局の職員が、携帯電話で時報を知らせる音を鳴らしながら渋谷の繁華街を歩きながら、突然時報音が途切れる様子を映し出しているシーンを見る機会があった。圏外表示の出ない受信状況が良好な場所であるにもかかわらず携帯電話が不通になるのは、繁華街のビルの屋上などに、地下の店内でも携帯電話が使用できるようにするために不法中継局を設置しているのが原因であるとの報道であった。モザイク処理された画面に登場したある飲食店の店員は、それが違法であることは知らなかったと言い逃れようとするが、それに対して職員は、撤去命令に従わなければ罰金刑を科されること、場合によっては営業停止処分もありうるというようなせりふで応えていた。

なんのことはない、この仰々しいコピーは、公費を使って携帯電話の通話エリアにおける業務妨害を取り締まり、結果として携帯電話会社の営業活動を保護しているのである。広告自体は、携帯電話についてまったく触れていない。広告面をみるかぎり、あらゆる不法電波を対象にしているというメッセージが伝えられるようなつくりになっている。そのあたりを確認するために総務省のホームページを開いてみると、たしかに、対象となっているのは携帯電話の電波だけではないことがわかるようにはなっている。

同ホームページでみられる「ストップ！ザ・不法電波　健全な電波利用環境に向けて」という一七分四六秒の啓発用ヴィデオには、アマチュア無線の愛好家であるという俳優の藤岡弘が登場する。「世の中、悪と戦った、私のキャラクターを覚えてる方も多いでしょう。不法電波の監視。これも、正義を守る大切な仕事です。」という彼のせりふの後に、「電波監視官と警察の、共同取り締りが始まった。不法CB無線。不法パーソナル無線。不法アマチュア無線。これが、不法三悪だ。」というナレーションが入る。不法三悪の具体例がそれに続く。まず、トラックなどの車載無線。たとえば街道沿いの自動ドアが鳴る、ブレーカーの停止、エアコンの作動といった被害。そして船舶無線。さらに、不法電波を監視するデューラー・システム（Detect Unlicensed Radio Stations）という、「固定のセンサー局や、移動センサー局を、各総合通信局のセンター局から遠隔操作しながら、不法無線局を探し出す仕組み」が紹介される。そして最後に携帯電話。

また同ヴィデオでは、二〇〇三年の日本における無線局は八〇四二万局あると紹介されている。[25] しかし、不法電波の取り締まりの対象となる、カー無線や船舶無線あるいはアマチュア無線などの愛好者などよりも、はるかに多くの携帯電話使用者がいる。[26] したがって、携帯電話に関する部分がわずか二分ほどに過ぎないとはいえ、ユーザーの数からしたらもっとも重要視される電波であることは疑いない。実際に、「電波利用環境保護活動用TVCM更正編」と題されてホームページで紹介されている三〇秒のコマーシャルは、(筆者自身はテレビで実際にみたことはないが)携帯についてのものだと推測される。

同ヴィデオで紹介される「携帯の方向探知機」などを使用すれば、携帯電話の不法基地局の撤去指導は、おそらくその設置場所の摘発も容易なことから、ある程度の効果が期待されているのだろう。たとえば上述のニュース番組でも映し出されていたように、「当店では携帯が使用できます」などといったビラが堂々と貼られており、その近辺をじっくりと観察すれば比較的容易に発見できるのである。[27] しかし、それ以外の「不法電波」は、かりにその発信源が固定されていても、現行犯で捕まえることはかなり難しいであろう。アマチュア無線局の違法電波については、かなり昔から言われているのだが、それらをすべてを現行犯で摘発するのはほとんど不可能であると言われる。また、車載無線のようなつねに移動する発信源をすべて摘発するなどまず不可能であろう。[28] そうした無線のなかには、発信電波があまりに強力なために、信号機さえ狂わすことさえあるにも拘らず。

筆者のメモによれば、二〇〇三年六月十日に山手線の電車内でみかけた総務省作成ポスター広告のキャッチコピーのひとつは、「不法電波は、見えない暴力。」であった。その時はてっきり、心臓ペースメーカーに及ぼす電磁波の暴力的影響を指摘していると思った。もちろんその意図するところは、二〇〇四年の電波利用保護旬間と同じ目的であったと推測される。その二〇〇三年度のポスターにも、「不法電波は犯罪です」という文言もみられたが、〇四年のコピーと比較して、まだ啓発という意味合いが強かったように思われる。それに対して〇四年の「不法電波は犯罪なんだよ」というコピーは、ポスターのなかでも目立っており、その語調からも明らかにその違法性を強調し、より強い態度で臨んでいるのが分かる。しかし、両年度のコピーに共通してみられる、電波が（何に対してのそれかは別としても）暴力となりうるという認識が、電波管理者の側にもあるということは、改めて確認しておく意味があるだろう。

電車内に限って言えば、たとえばかつては東京の中央線などでは、はっきりと、「医療機器に影響を及ぼしますので、車内では電源をお切りください」といったアナウンスが流されたことさえあったが、現在では、各車両の両端を優先席として、その窓に携帯の電源を切るよう促す小さなシールが貼られているだけであり、ときに「優先席付近では携帯電話の電源をお切りください」などといったアナウンスが流されても、携帯電話を所有する者が多数派であるという安心感から、電源を切る者はほとんどいない状況にある。むしろ、優先席で堂々とケータイを使用する者を見かけるくらいである。このような現状をみるかぎり、総務省の立場は、あきらかに携帯電話会社の側に立っているのがわかろう。そして、それ自体格別驚くほどのことでもないのが現代日本社会である。

「不法電波」概念の構成

さて、この「不法電波」という概念の内実はいかなるもので、それはどのように決定され、またどのように構成されていくのかという問題である。

空間を自由に占拠するさまざまな電波が、合法か不法かという判断が可能となるための条件はどのようなものだろうか。まず、①電波は便利で有用なものであるとの認識が、多くの人々に共有されてなければならないだろう。そしてさまざまな電波のなかで、その保護が必要であるとするためには、②それらの電波の有用度に「格づけ」する必要があろう。それは、周波数帯が限られていることからきている。どの電波を優先させ、したがって同時にどのような電波を禁止すべきかが決定されると、今度はその電磁波空間の管理が求められる。そして、誰に、あるいはどのような組織に、その合法的発信権を認めるのか、または禁止するのかについての、③管理のためのルールが作られる。そのようなルールこそ、ここで問題となる「法」である。「電波法」とはそのものずばり、電波発信を合法的に行えるのは誰であるのかを、国家が承認するための道具として機能する。

電波を管理するためのルールとしての法は、法理論的にはもちろん改正可能なものであり、たとえばある周波数帯における発信が規制されていることで不利益が生ずると主張する者の要望が強ければ、それらを変更することは可能である。どの周波数帯を誰が占有できるのかは、周波数帯が限られていることと、占有を主張する者が誰であるのかがはっきり目に見える点で、政治的判断に至るまでの透明度の高い議論の過程をみることができる。

それに対して、そのような管理のルールを決定する以前の段階、すなわち電波の優先順位を決定する過程は、必ずしもすべてあきらかにされていないと言えよう。というよりも、そのような過程は、むしろ積極的に隠蔽されねばならない。なぜなら、まず第一に、当該電波は絶対的に有用であることを前提にしなければならないことと、第二に、当該電波を発信する目的が、中立的に正当化される必要があるからである。当該電波が絶対的に有用であるという認識を世論として形成するためには、電波の有害性を語る議論が公になることを可能なかぎり事前に抑制する必要があろう。また、当該電波を発信する目的は、そのような世論を共有する大多数の人びとにとって有用=必要だからという論理が、人類にとって有用=必要であるというところまで拡張されることで、その「中立性」が正当化されるのである。もちろん数の多さだけが中立で正当であることの証しとなるわけはないのだが、多数決原理を重視する空間においては、多数性=正当性という等式が当然視されるのである。

差し当たり、不法電波とは、電波法および関係法令に違反した主体が発する電波である、ということになろう。したがって、その取締りの対象は、あくまでも電波法に違反したものだけに限定されるはずである。電波を管理する側（合法的に電波を発信することによって利益を上げる事業主、電波法を根拠に違反者を取り締まる警察、あるいは電波法に法的力を付与する国家）が電波法によって制御できる空間は、電波法や「電波防護指針」といったものによって定められた周波数帯や電波強度といった「合法的」尺度によってはかれるものに限定されている（はずである）。

しかし、電波法は、上述のように、電波の有用性および各種電波の優先度が、「世論」を構成する人びとに共有されていることが前提となっているものであり、そもそもそれなくしては、何が違法であり何が合法であるかを、電波法として定めることなどできないのである。したがって、不法電波であるかどうかは、表面上は電波法で許された電波であるかどうかによって客観的に判断されるということになってはいるが、実際にはそれ以前の段階においてすでに、不法電波が何であるのかが決定されているのである。すなわち、「世論を構成する人びとが有用ではないと判断するものが」不法電波であり、それを予め排除するのが電波法であるという構造がそこにあることがわかる。

ところが、電波法は、ある特定の周波数を、有用な電波を妨害する不法電波として禁止するだけではなくて、有用とされる電波それ自体が有害であると主張する人びとの声を「民主的に」抑圧することによって、それを合法的に発信することを国家が認める根拠としても機能するという性格をもつ。有用で合法的であるとされる電波こそ人体に有害であるが故に非合法化すべきだという主張を、さまざまなかたちで抑圧することを正当化する根拠として利用しうるのである。もちろん現在では、管理する側が電波法を根拠にするだけでは、そのような対抗言説が生まれる空間を統御することは不可能である。かりに対抗する言説を取り締まることが可能だとすれば、それは独裁体制下にある政体のみに実現可能な管理制御であろう。

したがって、かりにも市民に表現の自由が保障されている国家にあっては、顕示的暴力を行使するのではなく、その暴力性が目には見えないかたちで行使されうる「啓発」という方法でなされなければならない。啓発的な行為それ自体は、一般的には奨励こそされ非難されることはほとんどないがゆえに、巧妙に、しかも有効に機能する。上述の電波保護旬間における啓発ヴィデオなどは、そのようなものとして存在すると言えよう。

そうした啓発的行為が広く「世間」に浸透すればするほど、電波法そのものの権限もまた強化されるであろう。それは、法の遵守という近代民主主義社会のルールを逆手にとった非民主主義的統制を民主的な方法で可能にする権力を、管理する側に付与することにつながるものである。しかし、そのような言説編成の内部において、すべてのひとにそうした「法」の遵守を徹底することは不可能である。それは、法はひとの「内心」まで制御することは不可能であるのだから。そのような法に可能なことといえば、いつでもつねにその法の管理領域から逃れ出ようとする表現を、いつでもつねに押さえつけ管理する側の力の源泉となることだけである。電磁波空間の包括的管理者としての国家、総務省管轄下の各地方総合通信局ないし事務所、あるいは取締りを委託される警察、それら組織に所属する電波監視員や警官、さらには電波利用保護に協力する有名人、啓発ヴィデオで不法電波の迷惑さを演出するための発言を演じる一般人、さらには、そのような啓発活動を支持する電波ユーザーなどによる重層的な言説活動によって、管理する側の定義する「不法電波」概念は、ますますもって強固なものとなり、やがてはその不法概念が定着していく。そのような過程を経て固定化された「不法電波」という概念記号とその社会的意味との一対一の透明な関係は、もはやそれ以外の意味要素があるなどということをまったく想像だにされないほど強固なものとなっていく。

かりに、散発的に、ローカルなところで、ほんの一時的に発生する、その透明な関係性に挑戦する異議申し立ての声は、不法者を瞬時に抹殺する権力の存在を保証するそのような幸福で透明な関係性を破壊するものとして、これまた瞬時にしかも民主的な方法で抹殺されるのであろう。

憲法の正当性は、制憲力という構成的権力によって支えられているとされている。また実定法のみならず、法的な力をもつ日常生活のなかで法的に機能するさまざまな約束事なども、ある意味でその根源を共有する構成的権力によって支えられていると言えるように思う。しかし、どのような法も、まず最初に、その法が必要とされる状況が存在するはずである。そのような状況とは、その法を立ち上げることによって多数者が利益を得られると合意される空間に生まれるものである。したがって、その合意空間に違和感を感じたり、積極的な意味で参加を拒否する者は、最初から排除される運命にある。現代日本においては、通常「世論」といったものが、そのような空間においてもっとも影響力をもつものとなっている。そして、そのように機能する「世論」は、それ自体一種の構成的権力として機能しているのではあるまいか。

さらに、そのような状況の内部における、いわば不協和音をできるだけ聞こえなくするための何らかの「客観的尺度」が導入され、表面的にはその尺度のみが唯一のものであるかのように見せかけることで、対抗する言説のランク付けを可能にするのである。それによって、その法の立法化に反対する声の強いものほど下に位置づけることで、当の立法化を正当化する。それは、不協和音を奏でるものの声をことごとく沈黙させるように働くのである。そして、一度立法化された法は、こんどはそれを正当な根拠に、あらゆる取り締まり行為を可能とし、異議申し立ての声を上げることは、きわめて困難な、表現の自由などという概念がほぼ非現実的であるかにみえる空間が出現することになる。かりにこのような未来しかない、というよりこれが現実であるとすれば、とても悲観的な未来しか描かれなくなってしまうだろう。

電磁波無害言説

おそらく近い将来、地球上あらゆる場所で、携帯電話用マイクロ波の降り注がない地域はなくなるかもしれない。たとえば山間の過疎地などでは、電波未到達地域が、まだかろうじて散在する。そうした場所は、現在電磁波過敏症の人びとが逃れることが可能な、今のところ残された、数少ない、貴重な空間でもある。現在、各地方自治体は国が出す補助金を得て、たとえば携帯中継基地の鉄塔建設やその維持にかかわる費用の半額を負担してもらってはいるが、年間二〇億円弱の予算しかなく、すべての自治体の要望に応えることができない状態であるという。そこで総務省は、現在そうした目的に使用不可能な電波利用料を、中継塔建設等にも使えるための電波法改正案を通常国会に提出する方針を発表している[29]。マイクロ波に対しても過敏になっている重症の電磁波過敏症の人びとは、現在そのような場所を探して被爆効果を減ずる生活を強いられるのであるが、電波法が改正されて日本中マイクロ波が降り注がれることになれば、彼らは文字通り住む場所を奪われるであろう。スウェーデンではすでに電磁波過敏症と認定された人びとが推定で二万人おり、日本でもその人口比からすれば、三十万人程度いるとする見解もある。

しかしこうしたケータイ化に反対する声も上がっている。この電波法改正に関しても、電磁波問題市民研究会は、その会報でいち早く反対の声を上げている。また中継塔建設をめぐる反対運動は、すでにかなりの数に上っているようだ[30]。また地方を旅して驚くのは、携帯電話中継基地の鉄塔が民家の庭先に立っていたり、山頂の中継基地局鉄塔から、周囲に散在する民家の方に向けて、ほぼ水平方向に電波が放射されている場所を目にすることだ。あるいは何十万ボルトもあると思われる高圧送電線直下やそのすぐ近くに民家が立っているなど、現代日本では珍しくもない。もっともこれは山間地域だけではなくて首都圏郊外でも普通にみかける光景でもある。海沿いの街には、住宅団地の反対方向にある高台に、携帯電話のみならず、テレビやラジオの中継塔、海上保安庁の無線基地や、見た目には何の無線アンテナなのかもわからないような鉄塔が何本も立っている場所も見かけるが、そうした場所で電磁波被爆に関する疫学調査が行われたという話も聞かない。

もちろんそれぞれの中継塔から放射される電波は、電波法に違反していないということですべてが正当化されるであろう。そうした状況に異を唱える言説に対して、専門家と称する人びとによる反対抗言説もなされる。たとえば、国立環境研究所が中心となって行われた兜真徳研究班による、高圧送電線などから発生する超低周波電磁場と小児白血病などとの関連性を明らかにしようとした疫学調査結果の評価プロセスは、そのような試みの最たるものと言ってよい。調査によれば、平均磁界レベルが四ミリガウス以上で小児白血病のリスク上昇率が有意になるパターンを示すという。現在兜研究班の最終報告書は兜真徳「生活環境中電磁界による小児の健康リスク評価に関する研究」として文部科学省のサイトに掲載されている。[31]

しかし、この研究に対する文部科学省の対応に関しては、いくつかの重要な批判がなされている。たとえば荻野（2003）によれば、この研究は一九九九年から三年間におよぶ疫学研究が開始され、二〇〇二年三月に第Ⅰ期が終了したが、その内容が最初に一般に知られるようになったのは、『朝日新聞』（2002/8/24）が「電磁波で小児白血病増」と報じたのが最初であった。そして、最終報告として、しかもわずか六ページの研究成果の概要が公表されたのは、二〇〇三年一月二八日であった。翌二九日付の『朝日新聞』が、「小児白血病と電磁波の関連」「急性リンパ性で顕著」と報じたが、それに対して文部科学省は、報道は事実誤認であると批判している。実は、概要と同時に出された事後評価報告書において、ａｂｃ三段階で評価されたのであるが、十一の研究項目すべてが、「ｃ：不十分」評価とされ、結局第Ⅱ期の研究をさせないという決定がなされているのである。しかも、概要ではなくて具体的な研究内容の公表は九月までなされないことも決定されている。しかし兜研究班による疫学調査結果は、二〇〇一年十月にＷＨＯが四ミリガウス以上の被爆で小児白血病が二倍に増加するとの報告とも一致するものであること、症例数・対象数からいっても過去になされた疫学調査のなかでも極めて優れたものであること、また事後評価を行った評価委員の構成に偏りがみられることなどからいって、オールｃ評価というのは、明らかに「政治的判断」に基づく評価判定であったと言える。

問題が公にされる過程で事実が歪められるのは、それを伝えるメディア側に問題がある場合もある。

総務省は、生体電磁環境研究推進委員会による、長期に亙る携帯電話使用が脳腫瘍の発生に影響を及ぼすかどうかについてラットを用いて行った研究結果を、「長期局所暴露実験研究報告書」として公表した(二〇〇三年一〇月一〇日)。それをもとに長期に亙る携帯電話使用が脳腫瘍の発生に及ぼす影響は認められないと結論されたとする総務省見解をもとに、多くの新聞は、携帯電話の電磁波は安全とする報道を行った。たとえばこのような一般報道に対して電磁波問題市民研究会は、その会報でそうした報道内容の誤りを指摘するとともに、事実をきちんと確認しない安易な報道姿勢そのものを批判している。報告書自体においても携帯電話の電磁波が安全であることが証明されたと断言されておらず、「実際、総務省電波環境課に聞くと「携帯電話の使用が脳腫瘍の発生に影響を及ぼすとは認められないが、携帯電話は安全という発表はしていない。」と答え」たことが報告されている。[32]

現代日本における「世論」形成に際してのメディア報道の役割をみれば、問題をできるかぎり正確に伝えることがますます求められる状況にあるのだが、電磁波問題に関する報道は皆無ではないとしても、未だケータイ化の速度を鈍らせる効果を生み出しえていない。ケータイ化を促進するための「デジタルデバイド(情報格差)の解消」といったフレーズは、電磁波無害言説に力を得ているがゆえに、それに対する対抗言説を見出しえないのである。

もっとも、本当に無害であることが、かりに証明可能であり、また実際にそれがなされたのであれば、何の問題もない。しかし、電磁波は、人体に何らかの異変を起こしうるものであることは、否定されていないどころか、その可能性を示唆する現象が増えている。すでに触れたモスクワ・シグナル事件をはじめとして、その危険性を疑わざるをえないような現象が実際に存在するのである。たとえば、ＷＨＯ（世界保健機関）事務局長を務めた元ノルウェー首相、グロハルレム・ブルントラント女史が、二〇〇二年三月九日付のノルウェーの『Dagbladet』紙で、電磁波過敏症であることを告白している。携帯電話を使用すると耳の周辺が熱くなり、やがて周囲四メートル以内の同僚の携帯電話にも反応するようになり、また携帯電話以外にも、コードレス電話やラップトップ式のパソコンなどにも反応するようになったという事実を公表した問題についてさえ、筆者の知る限りでは日本の大手メディアはほとんど伝えなかった。各地で増えつつある中継塔建設反対運動についても、あるいは電磁波の危険性についても、皆無とは言わないまでもほとんど報道されないのは、単なる電磁波無害言説の存在だけでは説明がつかない。それは、電磁波有害言説に対する、ある種の政治的態度の広がりを意味しうると解釈する必要がある。

このような状況をみれば、電磁波空間の問題にも、電波法を基礎づける権力と、それを維持する権力との曖昧化構造を見出しうる。しかも、それを維持する権力は、不法電波を取り締まる警察だけではなくて、むしろ無害言説そのものがそうした維持権力として機能しているのがわかる。そしてそうした無害言説の担い手たちは、電波を発信・管理する側だけではなくて、受信するユーザー自身でもある。ある法を根拠にして、非民主主義的実践が民主的に正当化される背景には、法そのものの存在とそれを維持する権力だけではなくて、むしろそれ以外の多くの一般人が、こころの内でそれを支持しているという構造が指摘されねばならない。法の維持権力は、そうした人びとのこころの内にも存在するのである。

電磁波無害言説への対抗的戦略としては、「環境権」の侵害に対する多くの闘いにもみられるように、つねに特定の場所性を喪失してはならないであろう。それは、ある言説を支える多くの人びとが、特定の現象がみずからに直接関係があると意識するためには、それが抽象空間ではなくて、具体的にみずからの身体を位置づける空間として捉えられていることが必要であるからだ。法の維持権力が人びとのこころの内にあるという捉えかたは、問題を政治の俎上にのせるのをきわめて困難にする。そうであればこそ、目に見えるかたちで理解可能なものにするためにも、闘争の場を明確にする努力が求められよう。

《帝国》的空間としての電磁波空間

電磁波空間の問題圏で、空間を統御する言説がどのようにして権威を獲得していくのかを考えることも重要である。まず私たちの言説空間を、大雑把に、①地理的空間、②時間的空間、そして③心理的空間の三空間として考えてみよう。仮説としては、それらの空間が広ければ広いほど、特定言説の権威性が強まっていくのではないかと考えられる。たとえば距離としても捉えられる地理的空間においては、特定の言説が立ち上げられる場所と、それを受け取る場所との距離が遠ければ遠いほど当該言説の権威性が強まるのではないかと考えられるのは、いわゆる言説の「作者」との距離が経験的に短時間で到達できないほど離れているために、言説が構成された場所からも、その社会的状況からも、また当の作者からも遠い位置にあり、それらを経験的に確認のしようがないことに起因すると思われるからである。たとえば、中東地域で起きた戦争についての言説は、マスメディアで流される支配的言説によって構成されていくものがほとんどであるが、多くの人びとにとっては、その真偽も重要性も緊急性も、経験的に確認することは難しい。しかし同時にそうでもあるが故に、それはそのままのかたちで受け入れられもするのである。また時間的空間ということで言えば、たとえば、死について語られた言説は、死者そのもののもつ権威性によって、しかもそれが経験的に確認のしようがない過去のことであれば尚のこと、その権威性は強まるであろう。たとえば、過去の戦争責任を問われた人物であっても、その人物の狭いある一側面のみが崇められることによって、その崇拝的言説はきわめて強い権威性を帯びることなどは、その一例であろう。あるいは心理的空間においては、特定の言説が描写する世界と、受け手の側の日常世界とが、心理的にあまりに遠く感じられるような場合に、やはりある種の権威性が読み取られることになる。

しかしこうした空間区分は、単なる表層的な区分にすぎないことはあきらかである。現代の「ネット空間」においては、「地理的空間」をどのような境界線に基づいて定義すればよいのかが曖昧であるし、仮想現実といった空間においては、「時間的空間」などといったものが存在しうるのかどうかさえ怪しい。まして「心理的空間」となると、地理的な空間も時間的な空間も含みうる曖昧な空間であり、それが単独で存在する空間なのかどうかさえも疑わしい。ある意味で、「言説空間」なるものを想定すれば、それはすべて「心理的空間」でもあり、結局、さまざまな空間を細分化し定義することは永遠につづく作業となる。それは、私たちの言語活動を、かりにそれを伝達としての言語活動という狭い圏域に限定したとしても、それは無限であり、そうした意味で、空間も無限に生まれるからである。

しかしそれでも尚、空間なるもののそのような時間的・位置的喪失を目の当たりにしながらも、具体的にある政治的課題に取り組もうとするときには、やはりある特定の空間に限定して取り組む必要がある。ハーバーマスによる討議空間、アレントによる公的空間、合意形成のための空間、リージョナリズム的空間、歴史空間などといった政治的空間においても、現実にある特定の政治的状況のなかでその実現が目指される場合には、特定の時点と特定の場所における政治的闘争空間として位置づけなければならない。

本章における電磁波空間も、そういった意味では、ひとつの政治的空間として捉えられる。電磁波の無害性を語る言説の権威性を利用して最大限の利益を得るものが、電磁波空間の管理者であると言ってよいと思われるが、当該言説を管理する側がその無害言説によって損害を被る側の言説を民主的に押しつぶしていく現象は、やはり電磁波空間なる政治的空間において考える必要がある。確かに電磁波は、地図上の地理的境界を越えており、電磁波空間はあきらかに、地理的境界線によって区分可能な地理的空間とは次元を異にする。むしろ地理的境界をまたぐかたちで形作られるものである。しかし、特定の電磁波の送信を停止せよという政治的要求は、場所的に限定される。それはちょうど、カール・シュミットが、「パルチザンを土地的性格において基礎づけることは、防御を、すなわち敵対関係の境界づけを、空間《ラウム》として明白にし、抽象的な正義という絶対要求から保護するために、わたしには必要と思われる」（シュミット 1995:047）と、パルチザンという概念的存在の正当性を語るなかで述べたように、電磁波の有害無害という関係の境界づけを可能にするためにも、それは特定の電磁波空間として明白にしなければならないのだ。ちなみにシュミットは、空間の秩序に関して次のようにも書いている。「すべての基本秩序は空間秩序である。一国あるいは一大陸の憲法が問題なのはそれがその国あるいは大陸の基本秩序、ノモスとみなされるからである。ところで、真の、本来的な基本秩序というものの核心は、一定の空間的な境界と境界設定、地球の一定の尺度と一定の分割に存する」（シュミット 1971:68）と。ここでは、法、とくに国家の構成を基礎づける憲法でさえ、一種の空間秩序としてあると述べているのだが、そうした基本秩序においても、一定の境界設定に基づくものであると捉えられており、政治的空間としての電磁波空間にもそれは当てはまると思われる。

さて、電磁波空間における、電磁波無害言説の権威性はどのようにして獲得されるものであろうかという問題である。まず、電磁波が有害かもしれないという言説がすでに散在してはいても、特定の場所から発信される電磁波によって健康上の問題が発生していることを、身近な生活圏において確認できる術をもたないという意味において、その地理的空間が意識に上らないという事情がある。その場合の地理的空間とは、たとえば、電波中継塔の存在、あるいは、携帯電話の中継塔建設に対する局地的反対運動の広がり、高圧送電線直下における人家の偏在、オール電化住宅の存在といった事象が観察されるところである。しかし、中継基地局にしても高圧送電線にしても、そこから発生する電磁波がよもや人体に害があるなどとは思いも寄らないがゆえに、それらの場所は目に見えてはいても有害電磁波発生源としては見えていないのである。したがってそれらの場所は、電磁波空間の地域性の隠蔽の構造を明らかにする必要性があることを知らしめる場所でもあろう。電磁波無害言説の権威性は、遠いところからの知らせという意味での権威性ではなくて、逆に、地域性が隠蔽されるということによって、すなわち、無害言説の発信場所を特定不可能にすることによって獲得される権威性であると言えまいか。

電磁波空間における時間性も、同様に隠蔽されている。たとえば、モスクワ・シグナル事件といった過去の問題は、現代社会ではほとんど忘れ去られている。高圧送電線付近の子供たちの白血病になる割合が高いといった研究に対する隠蔽化も、そうした時間性の問題圏においてよいだろう。携帯電話中継基地局から発信される電波は二四時間途切れなく放射されるわけであるが、いつでもその恩恵に与ることが可能であることからそうした事実を意識することがないという意味でも、電磁波空間における時間空間はやはり隠蔽されていると言えよう。すでに電波は空気と同じものになっているのである。また電磁波空間における心理的空間としては、無害言説に支配された人びとの精神空間といったものが考えられるが、無害言説があまりに自然に受け入れられているがために、有害言説を語る人びとは逆に不自然な存在であり、電波が与えてくれる快適な生活を妨害する存在として、場合によっては忌避の対象とさえなる。そこでは、有害言説を支持する人びとが心理的空間から意識的に排除されていると言えよう。

このようにみていくと、電磁波空間の問題はつぎのように整理できるだろう。現代の電磁波空間における電磁波無害言説は、電磁波空間内における地域性および時間性が隠蔽されることによって、ある種の権威性を獲得している。そして、その強い権威性を背景にして構成されている心理的空間は、有害言説を排除する空間として現われている、と。したがって、有害言説が力をもつためには、電磁波空間とは、まずもって場所的空間であることを顕在化させる必要がある。さらに、電磁波が有害であったとある程度まで断定されつつあった時間的空間が、かつて存在したこと、あるいは生産されつつあることを明らかにする必要がある。また電磁波の放射は「自然」になされるものではなくて、停止しようと思えばいつでも停止可能な、すなわち電磁波の存在を時間的に認識しうる空間であることを知らしめる必要がある。時間の経過のなかでこそ「生産される」という動きが認識できるからである。そのようなプロセスのなかで、有害言説を構成するあらたな規範言語、共通言語が生まれるであろう。そのようにしてはじめて、有害言説が、無害言説に対する対抗言説として立ち上がることが可能になる。そして、そのような対抗言説の立ち上げとは、まさしく、「環境権」を侵害しないという合意可能な電磁波空間を管理するための、より正義にかなう法を立ち上げていくことを意味するものと信じたい。

今日、特定空間のなかでより生きやすい《生》の空間の産出、すなわち新しい社会的関係そして新しい法の構築という課題は、差し迫ったものとして提起されている。国民国家の枠組みをすでに超え出たところでグローバリゼーションの名のもとで推進される新自由主義的空間から、ドメスティック・バイオレンスから逃れられない家族的空間にいたるまで、およそ何らかの社会的関係性のなかで発現する暴力性に対してどのように闘うのかということが、私たちの日常的実践のなかで、つねに判断を迫られている。そのような実践的闘争のモデル的主体として描き出されたのが、ネグリ&ハート（2003）による、《帝国》におけるマルチチュードである。スピノザの命名する「絶対民主主義」を実現できるのは、このマルチチュードが構成しうる「対抗権力」であるという。ネグリによれば、対抗権力は、抵抗、放棄、そして構成的権力によって顕現されるものであるというが、この《帝国》における対抗権力をどのようにして生かしきるのかについての具体的プロジェクトはまだ提示されていない。現段階ではもっとも希望を見出しうる対抗モデルであるが、そのもっとも重要な概念としてのマルチチュードと構成的権力の出現そのものが、ある意味で具体性に欠けていることも事実である。

電磁波空間をあまたある《帝国》的空間のひとつとして捉えることの利点は、電磁波空間はまず第一に、言説の意味の闘争の場としての政治的空間であることが了解されることにあると考えられる。そして、実際に意味の闘争のなかで新たな共通言語を立ち上げるという、支配的言説に対抗できる言説を構築しなければならない空間として浮上してきているからである。そこで支配的な電磁波無害言説と、それに対する対抗言説としての電磁波有害言説の対立を一種の敵対関係としてみてみよう。日本における電磁波空間は「電波法」によって正当化されているが、逆に電波法の存在が、無害言説を主張する人びとを、民主主義的なプロセスのなかで、民主主義的に苦しめるものとなっている。そこには議会制民主主義の形骸化、法の根源の隠蔽、脱出の権利の否定といった、《帝国》の議論における主要なテーマを垣間見ることができる。

注

1 テレビ朝日の報道番組『ニュース・ステーション』で、産業廃棄物処理業者が集中する地域周辺の所沢産ほうれん草が高濃度のダイオキシンに汚染されているという報道がなされ、農家側が損害賠償を求めた事件。二〇〇三年十月十六日、最高裁第一小法廷は、放送内容が真実だとは証明されていないとして、東京高裁に差し戻した。また環境省は、二〇〇五年初頭、一九九八年に選定した「環境ホルモン」(内分泌かく乱物質)と疑われる六七物質のリストを廃止し、指定物質を改めて選定しなおした。その結果、対象物質は大幅に減らされている。

2 衆院憲法調査会最終報告は二〇〇五年四月一五日、参院憲法調査会最終報告は、同年四月二〇日。

3 人口十万人当たりの自殺数を自殺率と呼ぶが、総務省統計局によれば、すでに日本の自殺率は九八年以降二五人前後を推移するにいたり、その数字は欧米平均の約二倍に相当するとされている(自殺率の国際比較となるWHOによる二〇〇〇年の統計では、ロシア(三五・三人)およびハンガリー(三三・一人)、そして二七人を超えるウクライナの次が日本であるという(『世界』二〇〇四年八月号「特集　日本の現実」[142-3]参照)。

4 たとえば荻野晃也監修『ケータイ天国　電磁波地獄〈増補版〉』(一九九九　[株]金曜日発行)は、日本では電磁波問題をもっとも早く取り上げたもので、電磁波の人体に及ぼす影響に関する研究についても詳しい紹介がなされている。また二〇〇〇年六月七、八日にウィーン大学で開催された国際会議の議事録の邦訳として、荻野晃也監修『ザルツブルク国際会議　議事録――携帯電話基地局の健康影響に関する研究』(二〇〇一年、ガウスネット発行)がある。現ダラス環境医学センター(註6参照)のウィリアム・レイ博士他Rea et. al.(1991)によるは、「電磁波過敏症」の存在を早くから認めたものである。あるいはベルリン工科大学の永瀬ライマー圭子氏による「電磁界基準値の設定をめぐる科学・思想・政治――ドイツの動きを中心に」『環境ホルモン』Vo.3.2003-4(「特集　予防原則」)においては、電磁波問題に関して社会的な視点からも検討されている。その他多くの情報は、日本の電磁波問題を早くから取り上げてきた、つぎのふたつのサイトで得ることができる。そのひとつは、「電磁波問題市民研究会」(http://www.jca.ax.apc.org/tcsse/index-j.html)で、充実した内容の会報が発行されている。もうひとつは、高圧送電線の電磁波問題にも取り組む「ガウスネット」(http://www.gsn.jp/)が信頼できる情報を提供している。両サイトとも、それぞれの過去の会報の重要記事の一部がオンラインで読めるようになっている。これらから海外の主なサイトにリンクできるが、その主なものとしては、電磁波問題に積極的に取り組むアメリカの有力な市民グループであるThe EMR Network(http://www.emrnetwork.org/)、また同じ米国の充実した電磁波問題一般に関する情報媒体であるMicro Wave News(http://www.microwavenews.com/)などが最新の情報を提供している。電磁波問題を批判的に捉える一般書籍としては、大久保貞利著『誰でもわかる電磁波問題』(2002　緑風出版)、とくに携帯電話の電磁波問題に関しては荻野晃也著『危ない携帯電話』（2002 緑風出版）がわかりやすい。

5　「化学物質過敏症」については、「電磁波過敏症」に比べれば少しは知られてきていると思われるが、まだ十分とは言えない。化学物質過敏症は誰もがなりうるものであることが描かれた、小峰奈智子著『化学物質過敏症家族の記録』（2000 農文協）は、日本における対策が急がれることを訴える貴重な記録だ。ＮＰＯ法人「化学物質過敏症支援センター」http://www.cssc.jp/ からは、化学物質過敏症についてのさまざまな情報にリンク可能である。また「化学物質過敏症」と「電磁波過敏症」は疫学的には共通の症状がみられるとも言われているが、「電磁波過敏症」という名称に関して言えば、その呼び方には問題がある。「過敏」という表現は、何らかの正常な範囲が前提とされており、過敏であることは、その範囲を超える、ある意味で異常な状態を示唆する否定的なニュアンスを伝える表現であり、好ましくない。「電磁波被爆症」といった表現のほうが適切だと考えられる。同じ理由から、「化学物質暴露症」といった名称も可能であろう。

6　電磁波の危険性についての報道は皆無というわけではない。たとえば最近のものとしては、日本テレビによる「身近な不安電磁波で体に異変　リスクと検証」と題する電磁波過敏症の実態についての番組（二〇〇四年五月四日）。また活字媒体による比較的新しいものとして、「もしやそれは電磁波過敏症？　診断に新たな手がかり」と報じた新聞記事がある（『朝日新聞』二〇〇三年八月二一日付）。また初期のものとして、「ここまできた電磁波過敏症」（『サンデー毎日』二〇〇一年七月一日号）がある。社団法人「中央労働災害防止協会」の労働衛生調査分析センターによる、電力、電気溶接、電気加熱炉、医療、鉄道の各業界における社員の被爆調査（二〇〇三年一月一一日付『朝日新聞』）も、電磁波被爆の危険性が報じられている。しかし、携帯電話のマイクロ波被爆などを避けるために住む場所を確保することが困難になっている状況や、電磁波過敏症の人びとの置かれた状況などを明確に伝えるマスメディア報道は、いまのところないと言えよう。

7　たとえばMedical College of Wisconsin大学のRadiation Oncology（放射線腫瘍学）教授のジョン・モウルダー（John Moulder）氏は、携帯電話基地局から発信される電磁波と健康被害についての情報を随時更新しながらＦＡＱ形式で一般読者でも理解しやすいかたちで詳細な情報を掲載している（http://www.mcw.edu/gcrc/cop/cell-phone-health-FAQ/toc.html）。またこのサイトの日本語版として、（財）未来工学研究所の本間純一氏による翻訳がつぎのサイトに掲載されている（http://www.infftech.or.jp/cellular/health.html）。この文書からモウルダー教授の見解を要約すれば、携帯電話基地局から発信されるさまざまな電磁波が人体に影響を及ぼすことを指摘する研究は数多く存在するが、現段階までに公表された論文ではそれが明確に断定されるには至っていない、というものである。しかし同時に、そうであるからといってまったく影響がないとも言えない、というスタンスは見出されるが。

8　現在のところ日本では唯一、北里研究所病院で開設されている臨床環境医学センター（化学物質過敏症外来）において、電磁波過敏症についても診断が下せるようになっている。化学物質過敏症については、東京労災病院の「環境医学研究センター」（シックハウス科）においても診療可能である。また環境医学をベースにして化学物質過敏症と電磁波過敏症を治療する海外の病院としてもっとも有名なのは、アメリカテキサス州ダラス近郊にあるウィリアム・レイ（William J. Ray）博士のダラス環境医学センターがある（http://www.ehcd.com/）。

9　「電磁波過敏症」とはどのようなものであるかを伝える情報としては前註既掲のもののほかに、「ガウスネットワーク」や「電磁波問題市民研究会」が販売する小冊子などが有益であるが、とくに携帯電話のマイクロ波被爆によってどのような影響を受けたのかについては、同研究会ホームページ掲載の「読者からの寄稿、あるいはリシ家の体験事例（http://www2s.biglobe.ne.jp/˜rishibue/）なども参照。

10　日本で初めて電灯が灯されたのは、一八七八年三月二五日、東京虎ノ門の工部大学校（東大工学部の前身）で行われた東信中央局開業の祝宴においてだそうである。ちなみに平家落人伝説で有名な「五家荘」地域（熊本県八代郡泉村）に電灯が灯ったのは一九五六年であるというが、（日本で最後に電灯が燈されたのはいつなのかは知りえないが）日本全土の電化が完了したのはそれほど旧いことではない。

11　慶応大学文学部糸賀研究室による、電車内での携帯電話利用者が急増しているとの調査報告がある（『朝日新聞』二〇〇五年三月六日付）。

12　つぎの文章は、二〇〇三年四月の筆者のメモからの引用であるが、携帯電話の使用形態の変化がいかに早いかがうかがわれる。昨今では、操作音を以下の記述のように表記できないし、すでに電車内では下記のようなアナウンスはまったく聞かれない。「隣に腰掛けた少女が、二十代と思われる女性たちが、二十歳前後にみえる若者が、タカタカタカという操作音をたててしかも相当の速さで休みなく指先を動かし続けるという現象は、いまやまったく珍しくない。そういえば、「タマごっち」が流行したころも、同じような現象を目にしたことはあったが、あのころはまだなにやらノンビリとした風情が感じられたものだ。機械的で感情を押し殺したような金属的な顔つきでメールチェックに忙しいこの若者たちには、なにやら殺気すら漂っている。「お客様のご迷惑になる場合もございますので、車内での携帯電話のご利用はご遠慮ください」といったアナウンスなどどこ吹く風。路線によっては、「医療機器に悪影響を及ぼすことがありますので、車内では携帯電話の電源をお切りください」という、より強い調子のアナウンスもまったく耳に入らないといった面持ちで、一心不乱という形容句が誇張ではないように、小さなモニター画面を見つめながら指先を動かし続ける。タカタカ…… takatakatktktktk……」。

13　病院における携帯電話の使用解禁といった状況はそれが顕著になってきている一例である。「携帯は心の命綱」『毎日新聞』二〇〇四年七月二〇日付）といったコピーは、現代人がますますケータイ依存症になっていることの現われである。当記事では、九大病院による病室原則解禁を筆頭に、全国の病院が使用解禁の方向にあることを報じている。携帯電話のマイクロ波によって心臓ペースメーカーが影響を受けるという問題は、かなり知られるようになってきてはいるが、携帯電話とマイクロ波被爆の関係を、電磁波過敏症患者および、自然界には存在しない超高周波であるマイクロ波を二四時間浴び続けるといういわば壮大な「人体実験」のなかに人類が置かれているといった観点から問題とする視点は、当該記事のみならず、現段階ではまったくみられない。

14　「脱出の権利」概念は、今日ますます重要な概念になっており、またその範囲も生にかかわる領域すべてに適用可能なものであるように思われる。たとえば奥平（2004）は、皇太子妃の「離婚する権利」もそのようなもののひとつとみている。

15　広く流布されている数値としては二二センチから八センチなどと短縮する傾向にある。しかし逆に、五センチの深さでペースメーカーが埋められている場合、背後で携帯電話を持つ人が受発信すると、背中から五センチしか離れていない場合よりも、四〇センチと遠いほうが約八倍も電磁波強度が強かったとも言われる（『朝日新聞』二〇〇〇年八月二七日付）。

16　旧ソ連ウクライナ共和国キエフ市北東に位置するチェルノブイリ原子力発電所4号炉が保守点検作業中に急激な出力上昇をもたらす暴走事故が発生し爆発に至ったとされているのは一九八六年四月二六日である。放出された放射能物質は火災による上昇気流にのって大気圏まで運ばれ、旧ソ連やヨーロッパ地域を中心に世界各地が放射能で汚染され、日本でも五月三日には放射性物質の飛来を認めたという。事故発生直後の四月二九日に、科学技術庁より環境モニタリング強化の指示が出され、例えば大阪府では、科技庁指示で五月二二日まで、さらに大阪府独自に六月九日まで放射能調査を実施したという。また科学技術庁は、一九八七年から四年計画で従来三二都道府県で実施していた調査を四七全都道府県に拡大したという[http://iph.pref.osaka.jp/report/harmful/detail/786osaka.html]。

17　『食品と暮らしの安全』No.172（二〇〇三年「日本子孫基金」発行）参照。また総務省のパンフレット（『電波と安全な暮らし――知っておきたい身近な電波の知識』[一〇頁]二〇〇四年発行）においてさえ、受信電波の弱いところでは携帯端末の発信電波が強くなることが明記されている。

18　東北大学の本堂毅氏による「携帯電話による公衆被爆をめぐって」（『日本物理学会誌』第五八巻第六号 2003）による電車内の電磁波強度がきわめて高いという報告は、「携帯電話　電源オンで　通勤電車に電磁波充満？」として『朝日新聞』夕刊（六月三日付）でも報道された。

19　ウラン鉱石資源も豊富であるコンゴは、意外なところで日本との繋がりがあったようだ。『ニューヨーク・タイムズ』紙（電子版）の記事（"Ohio Wants U.S. to Freeze Nuclear Waste Removal" July 6, 2004）によれば、いわゆるマンハッタン計画として知られる原子力爆弾開発プロジェクトで使用されたウラン鉱石は当時のベルギー領コンゴで採掘され、国有鉱山の幹部によって密かに運び出された後、ニューヨーク湾内にあるスタテン島でしばらく保管され、米国内のさまざまな場所で精製されたとのことである。記事自体は、オハイオ州にある核兵器工場に放って置かれてきたそのときの精製後のウラン鉱石の一部の撤去が思うように進まなくなったことを報じている。

20 二〇〇一年三月一九日付 p.A01。

21 ＮＨＫスペシャル「戦場のＩＴビジネス」（二〇〇一年九月二二日放送）。

22 http://www.amnesty.or.jp/campaign/childsoldier1.html参照。

23 二〇〇三年四月末ごろからゴールデンウィークにかけて、各テレビ局が異常な報道合戦を繰り広げた事件。教祖的存在の女性をスカラー波という電磁波から守ると称する「パナウェーブ研究所」なる「白装束集団」は、警察庁長官による「オウム真理教の初期に似ている」などという発言とともに注目され、福井から岐阜、長野を経て山梨へと移動する際の「異様さ」が連日画面に映し出されていたが、ちょうど同時期に有事三法が成立するや否や、彼らはテレビから姿を消していった……。

24 『週刊ポスト』（二〇〇四年六月一八日号）。

25 総務省が公表する「無線局施設状況表（地方局、局種別）」によれば、平成一六年三月末時点では全国の総無線局数は八七三六万九九八一局のうち、携帯電話基地局が八万〇〇九七局、ＰＨＳ基地局が五九万九二四三局となっている。

26 総合通信基盤局が公表する「移動電気通信事業加入者数の現況（平成一六年三月末現在）」によれば、平成一六年度三月末時点における携帯電話累計加入者数は、八一五一万九五四三、また同時点におけるＰＨＳ累計加入者数は、五一三万九一〇二となっている。また、カメラ付き携帯電話の契約数は、平成一五年三月時点で、一二二一万で、携帯電話契約数に占める比率は二九・三％にのぼり、また同時点における第三世代携帯電話の契約数は七一六万だとされる。ちなみに、アマチュア局の総局数は六五万八八九四局である。またはじめて一千万の大台に乗った平成七年度末時点の携帯電話累計加入者数は一〇二〇万四〇二三、同時点におけるＰＨＳ累計加入者数は一五〇万八一一四となっており、この十年間で急速に普及したことがわかる。

27 逆に、携帯電話の通信機能を抑止する装置も市販されており、劇場、映画館、コンサートホール、あるいはレストラン、喫茶店などでは呼び出し音や通話を防ぐために無線装置を設置する場合があるようだ。たとえば総務省東海総合通信局 http://www.tokai-bt.soumu.go.jp/kan/index.htmlでは、そうした装置の設置も免許を受けなければ違法であることを広報している。

28 たとえば、東北総合通信局電波管理部調査課によれば、二〇〇四年六月二三日に、青森県内の国道二七九号線において車載の不法無線局を開設していたトラック運転手一名を電波法（第四条および同法第一一〇条第一号を適用）違反容疑で逮捕したと翌日の報道資料で公開しているところをみると、かなり珍しい事例なのかと推察される
[http://www.ttb.go.jp/hodo/hl604-06/0624a1001.html]

29『毎日新聞』二〇〇四年七月一五日朝刊。しかし総務省のホームページには、一五日段階における更新情報のなかにはこの問題に関する資料は掲載されなかった。同日の報道用資料としては、たとえば「インマルサット」と呼ばれるシステムの導入を可能とする法改正についての情報などは掲載されてはいる。また、一五日付の大手各新聞社はこの問題について報道していないところをみると、電磁波空間の国土化の問題は、社会問題としてさえ認識されていないことがわかる。ただし、総務省による七月二二日発表（七月二六日訂正）の報道資料「電波有効利用政策研究会　最終報告書（案）に関する意見の募集」で示された同報告書案には、「④また、「電波の利用の普及・高度化」の観点からは、市場活動のみに任せたのでは電波利用の恩恵を享受できない少数の国民が存在する点に関して、国民共有の資源である電波利用の便益が広く国民全体に及ぶような施策が求められている。例えば、電波利用に関する地理的なデジタルデバイドの解消の一層の推進を図るため、現行の一般財源による補助金に加えて、電波利用料を活用することが必要との意見がある。」として、この問題に触れている。同報告書案は二〇〇三年一月から、「電波有効利用政策研究会」（座長　多賀谷一照　千葉大学学長補佐・法経学部教授）に設置された「電波利用料部会」がまとめたもの。もしこれが実現すれば、マイクロ波に対しても過敏になっている、重症の「電磁化過敏症」の人びとは、住む場所を奪われることになるであろう。

30「ガウスネット」が掲載する「携帯電話基地局反対運動」によれば、一九九八年から二〇〇三年三月時点で、北海道から沖縄まで全国で八四件の反対運動が起こされている。ちなみに荻野監修（1999）では、一九九七年一一月末時点で、四〇件の反対運動を報告している。また、『毎日新聞』（二〇〇五年三月二七日付）では、二〇〇件以上との報道がなされている。

31 http://www.chousei-seika.com2002

32『電磁波研究会報』No.25, 2003.11.22. 電磁波問題市民研究会。

第二章　意味空間を支える〈構成的権力〉

構成的権力の二面性

　支配的言説、世論、あるいはより日本的なものとしての世間体、常識といったものの形成には、特定の社会的意味の安定化が欠かせないことは言うまでもない。そうであればこそ、支配的意味による言説編成のプロセスを明らかにすること、あるいは世間体や常識とされるものが差別的視線としてはたらくときの機制を明るみに出すことは、そのような「(固定化された)意味」といった概念を脱構築するこころみともなる。意味の浮遊性に関する議論自体は、これまでにも試みられてきているが、[1]意味の安定を支える、ある意味で「意思」的なものがどのようなものによって構成されるのかといった点については、私たちはまだ満足のいく説明を手にしていない。ここではまず、一種の「空間形成力」ともいえるconstituent powerと呼ばれている概念を取り上げてみたい。

この言葉の日本語訳として、「憲法制定権力」と「構成的権力」というふたつの訳語が存在する。たまたま両者とも、それぞれ単行本の正タイトルとしても使われている。前者においては、たとえば、「憲法制定権力……すなわち憲法を作る力（制憲力ともいわれる）は、法秩序を創造する権力である。いいかえれば、法秩序の諸原則を確定し、もろもろの制度を確立する……権力である」とし、さらにC・シュミットの定義を引いて、憲法制定権力とは、「国家の政治的実存の様式および形態に関する具体的な全体的決断をなす政治的意思である」と定義されている（芦部 1983:3）。ただ「憲法を作る力」あるいは「法秩序を創造する権力」といった言い方は、たとえば実際に憲法を制定したり改憲したりすることを許された立法機関の有するそれなのか、あるいは、正義とか平等といった概念を実現する必要があると考える「意思」的なものをさすのかがあいまいである。そこで、たとえば前者のような権力を、「制度化された制憲権」として、また後者のようなものを含むと考えられる「始原的制憲権」と区別し、さらに「……憲法改正権は、制度化された制憲権として、始原的制憲権の意思に従属する」（51）とも解釈される。それでも、法学においては、もっぱら前者がその解明の主たる対象とされてきている。それは、アカデミズム内部で確固たる地位を築く必要のある一領域としての、制度化された法学のとるべき必然的志向であると言えよう。

一方「構成的権力」は、法学がその主たる分析対象からはずしてきた、「法の理念を実現する革命的な権力」（同 45）としての始原的制憲権を重視するものと言えよう。A・ネグリによれば、立憲的諸規範の制定および憲法改正や刷新のプロセスへと収斂させる法学的アプローチは、「構成的権力の始原的かつ解放的な特質」を見失わせるものであり、また「おそらく法学者たちは構成的権力というこの野生動物を飼いならそうと」(ネグリ 1999:32) してきたものであると捉えられる。こうした構成的権力とは、「選択の行為であり、ある地平を切り拓く確固たる決定であり、まだ存在していないことではあるけれども、その存在条件そのものが創造的行為がその特徴を創造のなかで失うことはないということを予見させるような何ごとかのラディカルな装置」(50) なのであり、また「構成的権力は存在を創造する力、いいかえれば現実、価値、制度、そして現実の整序といったものの具体的な相貌を創造する力にほかならない」(445) ものでもある。従ってそのようなものとしての構成的権力は、(比較的) 固定化された法秩序、制度的解釈、社会的意味といったものの規範性をつねに脅かすものでもある。

アカデミズム内部における飼い慣らしにとどまらず、「構成的権力の無力化のシステムを強化し固定化する」メカニズムが作動されると、「構成的権力は表象のメカニズムのなかで弱められ、もはや『政治的空間』のなかにしか姿を現すことができな」(同 426) くなる。こうした形の言説編成のなかで、始原的かつ解放的な構成的権力の、その可能なる立ち上がりがますます捉えにくくなってしまう。

しかし、ネグリの言うように、「法、憲法は構成的権力のあとからやってくるものであり、法に合理性や形象を与えるのは構成的権力なのである」(53) とするならば、制度化された憲法制定権力に先立って存在する、多数性に支えられる意思的なものの存在を再発見することが要請されるのである。それはたとえば、「歴史の意味をそのつど決定するのは多数性と力との関係であり、その意味はそれが断続性から引き剥がされて多数性に結びつけられたときにしかあたえられない……」（436）といったことを明確に意識することからはじまる。もちろんここでの多数性というのは、多数決原理や代表制といったものに回収されてしまう立憲主義的構成を支えるものとは異なるものとして構想されている。構成的権力は、できるだけ多くの人びとに支持されうる社会的制度、デュープロセス、倫理的概念、教育内容、社会的意味など、ある社会的コンテクストにおいて、民主主義的討議が成り立つための前提となりうるようなものの存在を支える力として考えられている。

構成的権力は、差異を有する多数の人びとの「意図＝志向」的なもの、またそれに支えられた「行為＝出来事」、さらにそうした個々人の行為が生み出す影響力などによって構成されているものと考えることもできる。ネグリ＆ハート（2003）流に言えば、それは「マルチチュード」によって構成されるものである。構成的権力の主体としてのマルチチュードは、意味およびコンテクストの相対的な安定性、相対的な強固さを脅かすものとして立ちあがる。それは「生の形態をめぐる闘争」でもあり、「新たな公共空間と共同体の新たな形態を創出する構成的な闘争にほかならない」（ネグリ＆ハート 2003:82）。そのような闘争において、「近代における諸々の政体史において、一貫して基本的ではあるが抽象的なものに留まっている脆い要求――すなわち平等と連帯――を、実現可能なものに仕立て上げる」（503）のも、このマルチチュードの構成的権力ということになろう。そうした闘いのひとつである「言語の意味をめぐる闘争」においては、「言語の意味と意味作用への統制はいっそう政治闘争にとっての中心的争点になっていくだろう」（501）。そしてマルチチュードの構成的権力は、「人間の自己価値化（世界市場全域での万人に対する平等な市民権）として、協働（コミュニケートし、言語を構築し、コミュニケーション・ネットワークを管理する権利）として、そして政治的権力、つまり権力の基礎が万人の欲求の表現によって規定されるような社会の構成として自らを表現することができる」（508）とされる。

　このような闘争が可能となるためには、もちろん、個々人が自律し、その闘いのためのさまざまな生産手段を手にしていることが前提となる。それは、ネグリ＆ハートが、「再領有とは、知、情報、コミュニケーションそして情動への自由なアクセスとそれらに対する統御のこと」とする、マルチチュードが正当に要求してよい、「再領有の権利」（504）と呼ばれる権利である。すなわち、知、情報、コミュニケーションといった、構成的権力を働かせうるための生産手段となるものである。またそれは、協働できるための必要条件でもある。そしてネグリ＆ハートによれば、その闘争は、「代表するのではなく構成する活動」（511強調原作者）としての闘争でなければならない。

　そうしてみると、特定の支配的言説を一種のあらたな規範権力として基礎づけることは、ここでの「代表する活動」にあたるだろう。それは、特定言説の内実を固定化し、いまだに「脆い要求」としてしか感じ取ることのできない「平等と連帯」の実現を妨げる志向性をもつものであるだろう。そうした言葉行為は、なんらかの社会規範として、また理解可能なものとして提示されるとき、「再領有の権利」という概念そのものの出現を禁ずる危険性はますます高まることになる。

　一方、「構成する活動」としての言説編成は、マークの反覆可能性（デリダ 2002）ゆえに、つねに失敗の可能性があると捉えられる。さらにそれは、すでに「構成され終えた（かにみえる）意味」を固定化するものとして理解されてはならない。一回かぎりの言葉行為として、そのかぎりにおいて一瞬ではあれ意味は固定化されているようにみえるかもしれないが、それは同時に、その反覆可能性ゆえに、新たなコンテクスト創生をも許すものである。したがって、「構成する活動」としての言説編成は、協働として実現されるものとなる。「コミュニケートし、言語を構築し、コミュニケーション・ネットワークを管理する権利」としての協働とは、失敗するコミュニケーション行為を前提とし、新たなコンテクスト構築のために、反覆という言葉行為のなかで新たな意味を創出し、特定の社会的意味を知らない者は参加資格を持たないとして排除されることなく、いつでもつねに、また誰もが利用しうるコミュニケーション回路が生まれる空間がひらかれていなければならないものとして実現されるのである。そしてその協働する主体の集合体が、すなわち協働に参加する多数の人びとによって構成されるマルチチュードであろう。「構成する活動」は、発言する特権を付与された自律した個々人（や組織）が行いうる「代表する活動」とは異なり、協働の目的を共有しうる多数の人びとの参加によってはじめて可能となるものである。

しかし、こうした議論はイメージとしてはよりよい民主主義を実現するためには欠かせないものであることは理解できても、ネグリ&ハートが描くマルチチュードと構成的権力という概念は、きわめて捉えがたいものである。実際この分厚い『〈帝国〉』においては、マルチチュードの具体的姿を描いた部分は見当たらないし、それは『マルチチュード』においても同様である。構成的権力は、多数者の支持によって立ち上がり権威性を獲得するものであるが、それはつねに正義にかなう民主主義を目指すものとしてのみ構想されているようにみえる。

ただ構成的権力に関して言えば、ネグリが構想するこのようなある意味で一方通行的な構成的権力のみならず、むしろよりよい民主主義を抑圧するかたちで働く、「一般意思」的なもの、あるいは「大衆の暴力」的な姿をとるようなかたちで現われる構成的権力と、場合によっては区別できないのではないだろうか。ヴィルノ（2004）の表現を借りれば、「現代的マルチチュードが陥っている感情的状況」が、「今日様々な〈悪い感情〉とともに……すなわち、便宜主義、シニシズム、社会的統合［順応主義］、際限なく繰り返される棄教、陽気な諦念といった感情」（156-7）となって現われているからである。もちろん、そうした「悪い感情」が蔓延したときに大きな社会的権威となる場合の権威性は、構成的権力によるものではないと説明することができるかもしれないが、概念としては、「良い感情」すなわち正義にかなった民主主義を実現する力の源泉としての構成的権力および「悪い感情」となって現われうる構成的権力との、両義的なものとして捉えるほうがより正確であろう。そうなれば、もちろんマルチチュードもまた両義的なものとなろう。ヴィルノが指摘するように、「自らのうちに、損失と救済、盲従と闘争、隷属と自由を同時に含み込んでいる」（034）ものなのだ。構成的権力、そしてその力の構成を担うマルチチュードは、それでもなお、より正義にかなう民主主義を実現するための、唯一の概念であることには強く共感する。

そもそも「マルチチュード」とは、「特異性の集合」（ネグリ 2004:167）であるとされるが、いわゆる大衆とも異なりその具体像は描きにくい。その定義の理解しにくさの理由のひとつは、定義そのものというよりも、私たちはあくまでも議会制民主主義のなかの「人民」概念のなかで、「人民の特異性」を考えてしまうことにある。じつはヴィルノ（2004）が示すように、むしろマルチチュードは、そうした「人民」の否定概念として構想されているものとして捉えた方がわかりやすい。マルチチュードとは、自由を譲渡するかわりに国家による保護を求めるホッブズ的人民ではなくて、むしろ、ホッブズにとっては「自然状態」に属するものであり、そのような状態を克服せんがために形成された国家に自由を譲渡するような存在ではない。それは、「多数的なものの多数的なものとしての政治的・社会的存在を可能にするひとつの《一者》」（32）を構成するものである。具体的には、「この単一性はもはや国家ではなく、言語活動であり、知性であり、人類の持つ諸々の〈共有の能力〉」（32）といったものとして具現化されうるのである。

法が一種の暴力装置として働くのを許してしまうという、議会制民主主義の形骸化は、人民的立場からすれば歯がゆいが如何ともしがたいという状況を生み出している。そのような人民は、法という形式に従うという意志を示すことで、すなわちみずから進んで法という形式に従って行動するかわりにみずからの自由を譲渡するというかたちで、国家に保護してもらうことになる。しかし、法の暴力のまえで立ち竦むのではなくて、正義にかなわない法を脱構築するという形で、みずからの知性を自由に働かせることによって、しかもそれぞれの特異性をもった個々人が協働するかたちでそれを行うことによって、一種の新たな構成的権力を生み出していきたいのである。私たちは何よりもまず、話すことができる（もちろん手話言語や指文字を使うことも含めて）存在である。話す能力という資源を共有している存在として、言語活動を共同で行うことができる。そこから生み出される構成的権力によって、より正義にかなう新たな法を構築していこうというプロジェクトなのである。ネグリが構想する構成的権力はさまざまな具現形をとることになろうが、社会的意味の構成、いや広い意味における、「意味」の生成もそのような構成的権力によって実現されるもののひとつのかたちではないだろうか。ちょうど法が構成的権力のあとからやってくるものであるように、「意味」も、ある現象が顕在化してきて始めて命名され、多くの人びとがそれを受け入れ、繰り返されることによって、特定の意味として構成されていくと考えられる。

ネグリ&ハートが描くマルチチュードと構成的権力の概念は、「協働」としてのコミュニケーション的行為に広くみられるものであろう。とくに言語は、私たちが主観を形成するうえで、きわめて重要な役割をはたすものであることは明らかである。「主体は言語を通じて構成され得るが、包括的な言語ではなく、むしろ、主体が語る際の語り方、その文法、諸方言、その言語の形態を通じて構成され得る」ものであり、さらにはそうした「主体を分類し対象化するために、主体を自己の内部で、あるいは主体を他の諸主体との関連において」、たとえば、「狂人と常人、病人と健康人、好漢と犯罪人などの区分」をつくりあげるからである（ネグリ 2004:186）。もちろんそのような意味づけのプロセスは、多数の人びとによる言語活動のなかで、さまざまな日常的実践そのものによって構成されるものである。ネグリ&ハートが構想するようなかたちでマルチチュードによる構成的権力をいかにして生み出していくかは、人びとのコミュニケーション的行為における「政治の契機」をどこに見出すかという言語政治学的課題でもある。

自由な意味空間

さて、考えてみれば不思議な現象である。ことばが意味をもつということ。そしてその意味がひとを動かす力をもつということ。こうして文章を書いている今このとき、使っていることばに意味があることは当然のこととして進めているわけであるが、特定の文字には特定の読み方書き方があり、また特定の意味が込められていなければならないという身構えの獲得は、おそらく近代のきわめて効率的な学校教育の賜物と言えるかもしれない。こうした身構えは、特定の社会的意味を構成していくことに貢献するものであり、それは構成的権力の一部であると考えられる。その構造を知るためには、一般的な意味での記号そのものの特徴がどのようなものであるのかを理解しておくことが必要になるが、差し当たり、なぜ意味は自由でなければならないのか、その背景を概観しておきたい。

物理的なオトの連なりにすぎないものに社会的意味を与え、それを約束事として誰もが従わざるをえないほどの力を生み出す源泉をひとつに特定することはできないにしても、そのような力を構成するものが何であるのかを考えることは、とくにその約束事に自らの自由な生を縛られていると感じる者にとっては、その生を充実したものにする権利を侵害するものは何であるのかを明らかにすることでもある。なぜならば、私たちは単に支配的な社会的意味に従順に生きる存在ではありえず、むしろそうした社会的意味によってその存在を否定されることもある私たち自身が、みずからの生を肯定できる意味を自由に紡ぐことのできる自由な意味空間を必要とするからである。

何のために生きるのかという問が切実なものとして立ち上がる瞬間を意識するのは、生きることの意味をまったく見出すことができない状況に追い込まれたときだろう。「らい予防法」による強制隔離政策によって社会的意味を紡いでいく権利を奪われた人びとや、水銀汚染によるものであることを隠蔽する政治権力によって生きる意味空間を構想する権利を侵害されてきた水俣の人びとは、自らの力ではどうにもならない圧倒的社会的「現実」をまえにしてどれほど苦しめられてきたか、想像を絶するものがある。輸血を通してＨＩＶに感染した人びとの経験も、エイズを発症することなどあり得ないと楽観的にきめこむ者には、そのときに生きる意味を考えることさえ不可能な状況に追い込む、得体の知れない力を想像することは難しいであろう。

現世的なレベルで、より多く所有し、さらなる物質的豊かさを求めるといったことに生きる意味を見出す空間から排除されてきた人びとは、生きる希望を見出す意味空間そのものから構想し直す必要がある。そのような意味空間は、病からも社会的差別からも可能なかぎり無縁であると信じている人びとのそれとは、本質的に異なるものであろう。ハンセン病、薬害エイズ事件、サリドマイド事件、水俣病などは、社会的に病であると宣告され、さまざまな差別的視線の対象となってきたことはよく知られている。[2]

そのような人びとが生きる意味を探求できる意味空間は、まずもって、社会的多数者による差別的視線から自由な空間でなければならないのであるが、そのためには、同じ社会に生きながらも、差別的視線を生み出す基となっている空間とは別の意味空間でなければならない。

もちろん、既存の意味空間おいて差別的な表現（行為）を法的に規制し、多数者の横暴を可能な限り無力化（ないしは潜伏化）させようとするアプローチも考えられる。それは、刑事罰を与えるというかたちで国家権力によって差別を禁止すること、および差別することは許されないという方向での啓発とによってなされる。差別表現の法的禁止といった表現の自由と抵触する領域においては、現代憲法学においてもゆれがみられるが、現に名誉毀損といったかたちでの処罰は実施されており、また主として教育の場における啓発活動も長い歴史があることは事実である。しかし、どれほど処罰規定を厳しくしようとも、またいかに完璧な啓発教育が行われようとも、差別的視線を生み出す人びとのこころまで制御することは不可能である。換言すれば、そもそも規律を教え込むことそれ自体が不可能なのであり、規律とはただその奨励が可能であるにすぎないものなのだ。教育を通して道徳的価値観を直接教え込むことによって倫理観が確立されるかにみえるのは、単にその支配的価値観に逆らうことが得策ではないと思い込ませる、何らかの力が働いているからなのである。

差別の処罰および差別根絶のための啓発というアプローチがとられる社会空間では、被差別者はつねに救済されるべき被害者として想定されている場合が多い。しかし、奴隷制度的差別行為の犠牲者のように国家権力によって保護されるべき対象として、すなわち被差別者がつねに救済されなければならない対象として想定される場合とは異なって、差別現象の多くが、いわば差別的視線のもつ社会的圧力によるものであると考えられるような場合には、救済されるべくして受動的に待つ存在としての被差別者ではなくして、差別的視線を許している現存の意味空間とは異なる、その差別的視線を構成する権力から自由になれる、これから来るべき未来の自己を差別者自身がみずから想像できるような、新たな意味空間を構成する道を探ることは重要である。

D・コーネルは、そのような空間を「イマジナリーな領域（imaginary domain）」という概念で説明している。それは、「自らが誰であるかを判定し、表象することが許される心的・道徳的空間」（コーネル 2001:8）であり、コーネルの日本への紹介者によれば、「生の形を想像し直す空間」（岡野 2001:330）とか、「〈自分が誰であるか、誰になろうとしているか〉を《自由》に想像しうる心的空間」（仲正 2002:190）として説明されている概念である。

コーネルは、ひとはそうした意味空間の保障を要求する権利、すなわち「イマジナリーな領域への権利」を有し、また「イマジナリーな領域への保護は国家に対する要求である」（コーネル 2001:119）と述べて、国家が国民に保障すべき権利のひとつとして構想しているものである。それはI・カントが『理論と実践』で述べた「人間としての自由は、公共体の憲法の原理」を実現するための前提でもあり、「可能な普遍的な法」（仲正 2002:188）としても構想されているものだ。しかし、コーネルの捉える「イマジナリーな領域」は、法制化によって国家による保護を求めるものではない。それは、「イマジナリーな領域の正当化は、政治的であるのと同じように、倫理的なものでもある」（コーネル 2001:114）からだという表現に見られるように、国家が介入すること、すなわち国家言語としての実定法によって保障されるべきものでもなく、一種の「人格性の聖域」（81）として構成されるべきものである。

しかし、同時にそれは、絶対的なものでもない。やや長くなるが、それは「良心の自由」概念の拡張をともなう、重要な論点だと思われるので引用しておきたい。

自分の性に関わる存在を自己表象する権利に制限が設けられるのは、二つの場合のみである。第一に、自分の性に関わる存在を表象するために、他人の人格に強制や暴力を加えることは、明白に禁止される。第二番目は、〈格下げ禁止 degradation prohibition〉である。……格を貶めるという言葉で私が示そうとしているのは、私たちの性に関わる存在が格づけを生み出すために用いられ、それによって私たちの誰かが……人格として真には認められなくなるような場合である。……格下げの禁止は、人の感情を害する行動に対する国家の介入の道徳的擁護として正当化されるべきではない。実際にはその逆である。つまりこの禁止は、国家が誰かを格下げすることを妨げるのである。この場合の格下げとは、諸人格の規範的共同体から排除するという意味であり、これはちょうど、ある人々の生き方が他の誰かの気分を害するために、その性に関わる存在としての生が否定されるような場合である。(112-3)

したがって、ここでは例えば、国家が憎悪表現を法によって規制するというかたちで保護者になるのとは逆に、むしろ、国家(あるいは国家言語である法)が、「人格の格下げ」を行う主体として捉えられていることがわかる。そうであるが故に、国家に対してかかげるのは、そうした格下げを禁止する法を制定することではなくて、むしろ人格の格下げをするような法を廃止せよという要求である。この、通常の禁止立法とは逆向きの、政治的であると同時に倫理的な営みが成功するための条件整備がどのようにして可能となるのかが、つぎの問題となる。
コーネルは、あくまでも倫理的フェミニズムの枠内に限定した議論を展開する。自らの性＝生を想像しなおし、かつ再創造するこの倫理的空間は、性的存在としての自由が保障される心的空間であり、他の自由空間にも拡張できる潜在的可能性を秘めたものである。たとえばコーネル自身、それを「良心の自由」との兼ね合いで議論している。「私が良心という言葉を用いるのは、政治的にリベラルな社会の中である人格に与えられた、彼女にとってよい生き方とは何かを〈自己認証する源泉〉として自分自身を主張する自由、という意味においてである」と定義され、同時に、「良心はパーソナリティにとっての〈聖域〉であり……」、さらに「良心は、私たちがいかに自分の人生を導くかを教える〈内面のモニター〉を発達させるのである」(79)と説明されている。

私たちの文脈においては、良心の自由は、憲法十九条によって保障されるものである。良心の自由は、たしかに憲法制定権力によって構成された憲法によって保障されるという意味で、抑圧的に働く国家権力によって直接的に保護されているものではないとも言えるのであるが、後述するように、たとえば名誉毀損訴訟においては、被告に対する(被告自身が望まない)謝罪広告命令は憲法十九条に違反するという反対意見が書かれることはあっても、通常は合憲であるとされてきている。この、表現の自由ともかかわる問題を考えるにあたって、コーネルの議論はひとつの参照点を提供していると言えよう。

コーネルは、イマジナリーな領域への権利概念を包含する良心の自由を、国家(＝国家言語としての実定法)が保障すべきものとして構想していないのである。それは実定法によって保障されるものではなくて、そもそもある種の絶対的「聖域」として捉えられているものである。ただし、良心の自由概念がカバーするその他さまざまな領域があるのであり、コーネル自身、良心の自由概念を憲法で保障する必要はないなどと主張しているのではない。まさになにびとにも侵害する権利が認められない「人格性の聖域」(81) であるとされるように、一種の「修正カント主義的リベラリズム」(仲正 2002:188) であるという評価もそのようなところから生まれてくるものと言えよう。

このようなコーネルの構想する倫理的な正当性を要求する良心の自由は、その存立の前提的環境要因として、「個人形成 individuation の脆弱さ」(コーネル 2001:118) に注目し、さらにそれは「主観的権利概念を必要としない」(281) ということを挙げている点に、留意しておきたい。「私たちが不可避的に世界の中に浸されており、その中から自分自身を個人として形成 (individuate) するからこそ、かくも貴重な聖域としてのイマジナリーな領域が作り出されるのである」(115-6) という論理にみられるのは、さまざまな政治的決定を受け入れることで一共同体の構成員として生きる存在である人間には、「宗教と同様に性や家族に関しても、同意を期待することはできない」ものがあり、「それらの決定は各人に委ねられなければならない」(110) と考えるからである。憲法で保障される良心の自由は、実際の裁判においては、どこかで折り合いをつけることが求められるものであり、決して聖域でないのとは、このような点で異なるものである。コーネルの言う「個人形成の脆弱さ」とは、「自分自身の人格になろうとする努力の中で、私たちが押しつぶされてしまうこともありうる」(118) という、ひとつの人格として自己を形成するという一生続く営みの脆弱さのことである。「イマジナリーな領域の要求は、私たちの尊厳だけではなく、私たち自身の脆弱さの認識の名においてなされるのである」(118)。

しかし、この聖域である心的自由の保護は、各人の「道徳心」によってなされるものではないことが重要だ。逆に「イマジナリーな領域の保護は国家に対する要求である」(199)。より具体的には、性や家族といった、ひとりひとりの人格がそのよりよい生き方を決定する場面において、国家言語としてのさまざまな法制度がその決定を妨害しているという問題圏で論じられているのである。つまり、普遍的正義を掲げて個人の道徳心の涵養を要求するものではなくて、正義の実現を阻む国家権力に対抗するプロジェクトなのである。

近代市民社会における法は、自律した個人が前提となっていることは言うまでもないだろう。だが問題は、じつはそのような法は、つねにそうした個人になりえていないさまざまな人びとを「法の外」に置くものでもあるのだ。コーネルのプロジェクトは、そのような「法の外」を作り出さない法を構築するものであると言える。その前提条件として、「主観的な権利概念」を必要としない権利概念を打ち立てる必要があるのである。

「他の人の自由を自分の自由と調和させるよう強制する法的な強制力を与えるものである」とコーネルが捉える主観的概念が機能するためには、それを調整する法制度が必要となるものであるのに反して、イマジナリーな領域の立ち上げには、それは必要とされない。むしろ特定の法によって規定される「正しい」性のあり方が正当化されることによって、その法の外に置かれた人びとがよりよい生き方を求めるとき、たとえば父権的共同体の規範を侵害するものとして捉えられ、結局は法の外に存在しつづけることを強制されることを恐れるのである。つまり、「国家を許容可能な〈性〉の意味を決定する源泉として認めることは危険」（一二）であるとの認識がコーネルにはある。しかし、国家を抑圧権力として捉えることによって、国家権力の暴力を告発することがコーネルのプロジェクトの目標ではない。むしろ、国家による法そのものの存在を前提とした、よりリベラルな法哲学を構築しようとするものであり、現今の法治主義そのものを否定するのではなくて、逆に拡張することによって、それを実現しようとするものである。

言語によって構成される法

こうしたプロジェクトが可能となる、未来の自己を自由に想像＝創造できるための意味空間が必要とされる背景についてもう少しみておきたい。それは、暴力によって秩序を維持するのではない共同体のなかで人びとが生きるということ自体が、ことばを用いて他者を説得しながら共通の空間をつくりだすことでもあるのと関連する。アレント（1994）が構想するこのような政治的共同体の存在は、同時にそこで生きる人びとが影響力をこうむる政治的力にどのように対処すべきかを考える基礎となる。アレント研究者でもある岡野は、アレントの『人間の条件』を、「ひとが政治的な存在であるゆえんを人びとのことばを発する能力に求めた書物」として捉え、「政治的であるということは、ポリスで生活するということであり、ポリスで生活するということは、あらゆるものが力と暴力によってではなく、ことばと説得によって決定されるという意味であった」（岡野 2002:192）と書いているが、このような、ことばを話す能力という、誰もがもっている言語能力を人びとが共有するという事実こそ、イマジナリーな領域への権利を構想するための前提条件となろう。

柴田（2003）も、「人間がある状況下で他の人々ないしは諸物を政治的に動かしうる力の総量とそこから発する多くの可能性をポテンシャルに含んでいる」（64）と、同様の視点を「ホッブズにおける力」のなかにみている。「言葉こそがホッブズにおける政治的な力の領域を形作る。事柄を定義する言葉によって対立にいたり、言葉を介して闘争し、言葉によって社会や法や平和をつくり出す」（63）のである。しかも、ホッブズにとっては、「戦争する力と法の創設・維持の力が端的に同一のものである」（67）ともいう。

ホッブズにとっては、「むしろ人間にとって最大の力とは、〈同意によって自然的あるいは市民社会的な（civil）一人格に統合された、できるだけ多くの人々の合成された力〉であり、そこには人々のあらゆる形態の〈統合された強さ〉、たとえば主従関係、友人関係、党派、同盟、コモンウェルスなどが含まれる。また力の種類についても、たとえば〈気前のよさと結びついた富〉、〈大衆の好み〉、〈多くの人々から援助やサーヴィスを得る力〉、〈智慧や幸運〉あるいは〈深慮〉に恵まれているという評判、〈雄弁〉〈高貴さ〉〈容姿〉などが列挙され、そうした力が多数者のあいだに相乗的効果をもって機能する有り様が分析される」（63）という。これらの指摘にみられるのは、法は、人びとを他者の暴力から守るものであると同時に、法それ自体が、法の外に置かれた人びとに対する暴力の根源でもあり、またその暴力の根源には「同意」が生み出す構成的権力が存在するということである。それは、法の起源に、同意による暴力があることをうかがわせる。

それはまた、のちにニーチェが「奴隷の道徳」と呼ぶある種の「共通の力」でもあり、ホッブズにとって「道徳とは〈共通の力〉へ服従することによって自己の安全を確保しようとする人々の欲望の数々」(65)であるという。「安楽や肉体的快楽への欲求、死や傷害への恐怖、知識や平和的な技芸やそのための余暇に対する欲望、宗教的救済や名神などは、人々を〈共通の力〉へ服従するよう導きやすい」(65)というホッブズの言葉に続けて、そうした欲望は、人々をして〈法〉の発見ないし創設に向かわしめる情念となり、……できるかぎり平和を求め、相互に自然権を放棄して共同の力を樹立し、そこへ服従する信約をむすぶべきだという自然法を認知する」(65)と柴田は続ける。

しかし、ホッブズは、「力の闘争を規制するルールを論理的には何も前提しえなかった」(66)という。あくまで、殺傷し合わないという最低限の行為規範を守ることが要請されるのみである。しかし、それは単なる言葉で語られる約束にすぎないのであれば、守られる保障はないという、「言葉という力にまつわる矛盾」(66)につきあたる。そしてホッブズが発見したのは、「戦争する力と法の創設・維持の力が端的に同一のものである」(67)という現実である。独裁者によって保たれる「平和」であろうと市民社会の合意に基づく法によって保たれる平和であろうと、その根源は同じであるという、いわば法の起源の暴力性を捉えるみかたである。柴田は、それを「〈同意〉としての暴力」(73)という表現で捉える。

私たちの社会では、こうしたホッブズ的な力はできるだけ排除したいという合意が形成されてはいる。しかしその一方では「民主的」であることになっている法の起源にそのような暴力がからんでいることを暴露することは、あまり心地よいものではない。ことばを介在させた議論をするなかで説得や合意形成をおこなうという前提において創設される法は、むしろ好ましいものであれこそ、法それ自体が暴力の根源であることは、民主主義を標榜する社会にはそぐわないからである。

暴力的表現に関して言えば、差別表現および憎悪表現の法的規制とは、国家からその規制する権威を与えられていると考えられる国家言語、すなわち実定法による規制である。しかし、後述するように、このアプローチは、第一に、表現の自由を侵害するという批判に耐えられない。第二に、そもそもその国家制定言語による法から、その法が立ち上げられるときすでにその法の保護の対象から外される人びとが存在する可能性、すなわち「法の外」が構築されるという問題がある。

それに対して、法による禁止という方向ではないもう一つの解決法は、差別表現そのものの法的規制ではなくて、被差別者自身が、差別表現によって禁止されたありうべき自己を、その当該表現の有する暴力的意味から自由に、きたるべき新たな自己を想像する言語空間をみいだす方向性を探ることである。コーネルによる心的空間とは、そのような空間のひとつとして考えてよいだろう。こうしたアプローチが求められる理由は、そもそもいかに厳しい処罰規定を設けたとしても、法的禁止によってその規制対象が消滅することはないという現実が提示する状況ゆえだけではない。そもそもなぜ単なる差別的な「表現」がどうしてひとの生を暴力的に侵害するのかということと関係がある。

またそのことは、表現と行為とをつねに明確に区分できるものではないという問題としても考えることができる。コーネル（2003）は、表象と行動との分離不可能性について、組合労働者の事例を挙げている。「表象は常に――個人的、集団的に――世界を表象する「誰か the Who」を伴うのだ。労働者の集団が自らを組合として表象するとき、その「行為」は"representation"という語の二つの意味を両方とも含意する。まず新組織が存在するようになり、目に見える形になる。また労働者たちを代理＝表象する「誰か」が――少なくとも「連帯する＝組合に in union」という理想の下では――労働者たち自身として指示されるようになる」(32)と。ここでは労働者が組合を表象することと組合が組合員労働者を代理することは切り離しえないということを述べていると思われるが、特定の表現をとることと、その表現がたとえば差別的視線をもつ「誰か」を代理することと一体となっているのと同じ関係性を、そこに見出すことができるだろう。

なぜ差別表現が暴力となるのかという問題は、岡野(2002)の表現を借りれば、それは「暴力的な解釈の枠組み」(188)が存在するからということになろう。背後にうごめく不特定多数の人間の支える、差別的な社会的意味が、いたるところで、何度も、しかも時間を越えて繰り返されることによって、痛みを感じた者がその場で即座に抗うことなど不可能なほど、その影響力が強いものであるからだ。ひとが、みずからの意思とは無関係に、しかも完全な武装解除のもとで、ある表現のなかで一方的に解釈されるという事態が発生するからである。それはまた、「ことばを関係性の網の目へ挿入する力をひとから奪う」(199)暴力としても機能する。

しかし、ことばは、逆に、そうした「関係性を網の目へ挿入する力」の源泉ともなりうるものである。それは、「〈わたし〉の唯一性を伝えることができるのは、むしろ、ことばが挿入される文脈、すなわちひとびとが互いを理解しあう背景、文脈、関係性が介在として存在するため、関係性の網の目がひとびとの〈あいだ〉に存在するため」(194)でもあるからだ。ことば活動は、公的領域、共同性の世界へ入るためになくてはならないものでもある。

「介在in-betweenとしての法」(72-3)という捉えかたは、このような文脈でも生きてくる。法が立ち上がるときに、あらかじめその保護の対象から排除される人びとがいる。アレントが指摘したように、そのような法の外に位置づけられる人びとは、法の前において平等であり、いわばヒトとして「平等」であるがゆえに、同性愛者、劣等人種として、平等に抹殺されうるのである。差別禁止法といったものが可能であるとすれば、その場合の法は、差別そのものを禁止することによって、被差別者を保護するという形で介在するものとなる。しかし、法は、かならずや、法の外をつくりだすものでもあるのだ。それは、法の起源としての暴力性の隠蔽によって可能となるものである。

「女性はすでに法の前に立たされており、その呼びかけに応えることを拒めない主体subjectなのだ」(86)という関係性は、もちろん女性だけにあてはまるものではない。差別される側に一方的に置かれるもの、法の外に置かれるものすべてにあてはまるものとして捉えてよいだろう。介在としての法は、ある意味で、呼びかけへの応答の仕方を命令するものでもあるのだ。

そして、法の外をつくりだす実定法は、いうまでもなく言語によって構成される。法の外は、法の起源としての暴力性を隠蔽するかたちでつくりだされるが、外形として非暴力的にみえるのは、それが「言語」という、一見非暴力的外見をもつものによって構成されているからでもある。しかし、非暴力的で非政治的なものに見える言語は、じつはきわめて政治的なものである。そのことを理解するために、言語記号の基本的特徴とはどのようなものであるのかをみておきたい。

記号の特徴

記号学は、記号がなにかを「意味する」ということを、その学問の成立基盤とする。たとえば、ソシュールが構想した記号学は、「観念を表現する記号のシステム」としての言語にみられる意味作用のメカニズムの探求であった。言語記号は、意味する／意味されるという二面性をもつものであり、そのふたつの異なる次元のあいだで結ばれる関係性を明らかにすることが、記号学の目標だとされたのであった。

主として言語記号の学としてのソシュール記号学に対して、人間生活のあらゆる現象にみられる意味作用の解明をめざしたのは、パースの記号学であった。[3] しかしそれは、意味する／意味されるという関係性、すなわち記号によって意味される対象とその記号という関係に加えて、その記号を解釈するもうひとつ別の記号作用という、記号解釈の次元をも視野にいれるものであった。ある対象が記号によって意味を付与されるということが観察されるわけだが、じつは記号の意味とは、それを解釈する体系があってはじめてある意味が認められるというわけである。しかし、パースの記号論は、いわば人間生活のあらゆる事象を視野にいれる野心的なものであったがゆえに、一般記号の意味作用・解釈作用をすべて解明したとは言えないだろう。普遍記号論といったものは、理論的には構想可能であっても、現段階では、まだ納得のいくモデルを構築したとはとても言いうるものではない。

言語記号を中心にする記号学にしろ、一般記号を対象にする記号論にしろ、少なくとも、記号とはなにかを意味するものであるということは第一の共通点である。実際に記号学や記号論は、そのことは自明のこととして捉えている。しかしそもそもなぜ記号は何かを意味するのかという問題は、完全に解明されたとは言えないのではあるまいか。本章ではこのような記号論の潮流から離れて、そもそも何かを意味しうる言語事象は、記号のもつどのような力に支えられているのかを考えるとしよう。

ここではその手がかりとして、ベルクソンの捉える（言語）記号の特徴からみていきたい。ベルクソン（2003b）によれば、記号は、①一般性を志向し、②活動を促すよう呼びかけ、③本質的にものを固定化するものであるという。ベルクソンの記号の特徴に関する考察においては、まず、既知の諸要素を動員して未知のものを再構成するという、記号に対する私たちの「態度」を前提にしている。記号の特徴を捉えるためには、記号に対して人はどのように立ち向かっているのかという視点を出発点とせずに、まずモノとしてたち表れている記号そのものがなにかを表象していることを前提として、いわばひとが社会的意味を構築するという側面を切り離して、純粋にモノとしての記号という立場から考察することも、もちろん可能である。しかし、私たちの考察においては、やはり記号と人間とのかかわりから社会的意味の構成を考えているのであるから、このような、記号に対する私たちの「態度」を問題にすることは正しいように思う。

さて、記号を前にした私たちは、その意味を理解するために、既知の知識をフル稼動して、記号の構成する未知の世界を再構成することになる。ベルクソンは外国語の学習を例に挙げて説明する。英語をはじめて学習するフランス語話者が、アルファベットで表示された英語の未知のオトを、既知のフランス語の発音によって再構成しようとする一種の翻訳が可能となるのは、そのなにものかを表象する記号が、それを受け止める者の知っていることと知り及ばないこととのあいだに、ある種の共通のものが表象されているからである。すなわち、「記号は一般的に分析の要素であり、研究する新しい対象に対してとられた、既知のものに対応するある種の眺めを表している」（18）からなのである。「ある種の眺め」というのはややわかりにくい表現かもしれないが、既知のものを総動員して、新たな眺め、すなわち未知のものに対する新たな解釈の方向性をみいだすことが可能であるところに、記号がわれわれの役に立つと信ずる基盤が存在すると言えるわけだ。記号が、まったく個別の特殊なもののみを表示するものであるとすれば、ひとはそれぞれの膨大な数の記号を知りえないかぎり、当該記号の表象するものを解釈できないだろう。逆に、記号はすでに一般的なものとして普遍化する傾向をもつことによって、われわれは記号を便利なものとして受け取ることができるわけである。これが記号のもつ第一の特徴である。

しかし、それでは、記号をこのように一般化するよう駆り立てるものは何であろうか。ベルクソンは、「そして非常に注目すべきことに、記号のうちにある一種の内的な力が記号をしだいに一般的となるようにかりたてる」（18）と述べるにとどまるのだが、この「ある一種の内的な力」の構成のされかたこそ、私たちがもっとも知りたいものでもある。このような力は、彼の挙げる残り二つの特徴についても当てはまると思われるので、それらを先にみておこう。

二つ目の特徴として挙げられているのは、活動への呼びかけ、すなわち記号はひとに対して何らかの活動を促すものであるという。同じ外国語学習における発音で言えば、記号は未知の発音を発するよう誘いかけ、既知の発声法をもとに新たなオトの発音を実践するよう促すといった事例にみられる。記号に感応せざるをえない人間という捉え方は、もちろん、記号が既知のものと未知のもののあいだにある共通する何ものかを表象していると想定するからこそ可能となるものである。そのようなものがなければ、そもそもここでの考察の対象としている記号にはならないはずである。したがって、ひとが何らかの社会的意味の存在を感じるような記号であると認識する時点で、それは記号となり、また同時にすでにそれは、記号によって何かを呼びかけられてしまったことにもなるだろう。

三つ目の特徴は、固定化への志向である。言語の発音とは、「多数性が一となるような仕方で分節すること」(20)であり、特定の音声の分節方法がどこにおいても共通であるように固定化されているからこそ、そもそも有意味なものとして機能する記号たりうるわけである。言語記号とその意味の透明(明証)的な関係が成り立つようにみえるのも、このような固定化への志向がきわめてつよい言語記号の特徴が認められるからであると言えよう。

一般化および固定化への志向ないしは可能性、そして活動への呼びかけという三つの特徴を抽出したうえで、「あらゆる記号のうちには、記号が徐々にこれらの特徴をとるように運び押しやる内在的な力のようなものがある」(30)として、「時間観念の歴史」の第二講が閉じられる。ベルクソンの議論は、とくに意味について限定されているわけではないが、私たちの関心から言えば、これを意味の一般化および固定化への潜在的可能性がなぜ認められるのか、また記号はなぜ活動ないしは実践へと働きかけるものであるのかを考えることを促す。そしてそのような考察は、ベルクソンが言うところの、記号が有する一種の「内（在）的な力」の源泉をあきらかにすることにもつながっていく。

社会的集団内で通用する記号が、意味の一般化および固定化への志向を有するのは、そもそも記号が共有されるものであれば、必然的なものであると言えよう。一つの社会的集団としての表現共同体（ないしは言語共同体）において、共有される社会的意味を表象する共通の記号の存在は、共同体を構成するための必須条件である。そしてある程度まで社会的意味の一般化が成功すれば、いつのまにかそれは固定化へと容易に移行していく。そのような意味で、一般化と固定化のプロセスは連続したものだと言ってよいだろう。

それは、記号と意味の透明（明証）性への欲望の存在がそれを促進すると言い換えてもよいかもしれない。すなわち、記号と意味の透明的関係の成立を求める積極的な支持母体としての多数者が意味の一般化を促し、またそのような記号と意味の透明な関係を維持しつづけることに利益を見出せれば、それを、社会的集団の構成員が遵守義務を有するものとしての一種の「法」のようなものとして立ち上がり、固定化が完成されるのである。その時点で社会的意味の固定化への欲望が満たされるのである、と。

もちろん、このような意味での、社会的意味の固定化への欲望が実現されるためには、多数者による合意が必要である。それはみせかけの合意であってもかまわない。競合するメディアにおいて、（みせかけの）合意形成をはかることによって社会的に有利な立場にたつことを可能にする事例には事欠かないが、そのもっとも目に見えるかたちで、しかも巧妙に合意形成を促すものとしては、世論調査による「世

論」の抽出が挙げられよう

P・シャンパーニュ(2004)が論証したのは、「実際に存在するのは、〈世論〉でも、〈世論調査によって測定された世論〉でもなく、むしろ実は、調査業者、広報・政治マーケティング助言者、ジャーナリスト、等々の社会的行為者によって支配された新しい社会空間である」(42)。この社会空間を占有する世論調査の専門家と政治学者は、「厳密に言うと科学的ではない(構成という作業を含んでいるだろうから)、しかし客観的でかつ検証可能なデータ」(106)を作り出し、市場に送り出すのである。だが、「〈世論〉とは一個の集合的信仰にほかならず」(135)、しかもそれは、「〈統計的理性〉の価値への信仰」に支えられている。そしてそのようなデータを作出する「世論調査機関は、集計を発表することによって、私的意見を(ほとんどの場合)全体化し、〈公的意見(世論)〉に変える」(262)ことによって社会的多数者の支持を得ることに成功しその存在価値を高めていくのである。「政治においては、……ものを信じさせるのに成功すれば、そのことが、そのものを存在させるのに貢献する」(274)。さらに問題なのは、シャンパーニュが「自己検閲」と呼ぶ、「しばしば自認し、同意しながら、社会的世界の匿名の法則に服従していく」(282)という、「〈一般化された支配〉とでも呼びうる……新しい様式の支配……が広がっていく傾向にあ」(281-2)ることだ。

このシャンパーニュの分析は、一九八〇年代フランスの政治世界についてのものであるが、現代日本の政治的状況の分析として読んでもまったく違和感のないものだ。しかし逆に言えば、「世論」というもののもつ力は、どのような世界においても、およそ政治が存在するところならばどこにでも見出されるはずである。私たちが知りたいのは、そのような「匿名の法則」がいかにしてつくられていくのかということでもある。

もちろん、日本語の「世論」はセロンよりもヨロンと読まれることのほうが多い。佐藤編（2003）では、公論としての「輿論 public opinion」と私情としての「世論 popular sentiments」とを区別することの必要性が語られているが、筆者もその区分にはおおむね賛成の立場をとるものである。それにしたがって、シャンパーニュの分析における「世論」はセロンと読んで理解するが、輿論と世論は、かならずしも「科学的厳密さ」をもって区別できないことは確かである。じつは、輿論も世論も、つねに構成可能なものであり、それを支える構成的権力の基盤は同じものかもしれないとの疑念はぬぐえない。

とくに私たちの語彙のなかには、「世間」といった、あきらかに「社会」とは異なると思われる空間を指す言葉が存在するが、実態はきわめて捉えがたいものである。「世論」も同様に、多数者の意見であるとされているが、その多数者とはどのような人びとであり、なぜひとつの意見に集約されうるのか、きわめて捉えがたい。せいぜい確認できることは、どのように振舞うことが損をしないかということに最大の関心をいだくような個人にとっては、輿論よりも世論の方がより影響力が大であることぐらいだろうか。それは、世論のほうが、より身近な生活圏において影響力をもつため、輿論の正当性に目を瞑って世論に従うことを選択する処世術が求められるからとでも言えよう。時局の緊迫した状況をつくりだすのはメディアであるが、当のメディアが報ずる大状況の迫真性を補強するものが、世論調査である。世論調査は、当該状況において何が正当な言説であるかを世に知らしめ、またその多数派の言説に与するよう迫るので、非常に大きな力をもつのである。

もちろん、社会的意味の固定化への途上には、それ以外にも多くの実践がかかわっている。たとえば学校教育の場におけるさまざまなレベルにおいても、「好ましい」社会的意味の固定化への欲望がみられる。現代日本社会に限定してみると、たとえば歴史教育の場においては、「自虐史観」というラベルによって従来の歴史観を攻撃する「自由主義史観」という新たな社会的意味を構築する試み、あるいは国旗・国家法を根拠に入学式や卒業式において国歌斉唱時に起立しない教員への処罰、さらには、教員自らではなく担任するクラスの生徒が起立しなかった場合における指導力不足という新たな記号的指標による「指導」(『朝日新聞』04/5/26)、あるいは文部科学大臣による教育勅語を積極的に評価する公の発言(『サンデー毎日』04/6/6)などによって、国家ないしはそれに準ずる組織体が教育に積極的に関与することの正当化への欲望が観察される。あるいは言語教育の場においては、「声に出して読みたい日本語」が称揚され、TOEICをはじめとする「資格試験」の英語教育の場への急速な浸透、または百マス計算およびその方法の延長における徹底したスキル訓練など、メディアにおけるそれらの称揚とあいまって急速な広がりをみせている。

「改憲賛成五割越す」と第一面で報じた『朝日新聞』(04/5/1)の世論調査なども、憲法改正こそ「世論」であるとのメッセージを伝えるものとなっている。改憲に積極的なメディアにおいてはもとより、とくに九条改正についてはとくに慎重であるべきだとのイメージをもつメディアにおいてさえ、改憲そのものを支持する勢力が多数であることを印象付けることによって、もはや改憲に異を唱えることは時流に逆らうものであるという共通認識が生み出されていく。

憲法は、国の最高法規であることを否定するひとはいない。したがって、今日まで私たちの充実した生を保障するものとして最大限重要なものであったはずの憲法を改正するということは、たいへん重要な意味をもつ。市民的自由の権利を保障する憲法は、私たちの生を守るためにはなくてはならないものであるはずだが、基本的人権が過度に保障されすぎているとする言説が力を得ている現状において、そのような言説を支える力がどこでどのように生み出され、また働いているのかを見極めなければならない。基本的人権は、さまざまな「記号」によって表象されている。それらの記号が表象する社会的意味が一般性を獲得して、さらに憲法という最高位の「法」として固定化される。それが、基本的人権を保障する憲法である。そしてその基本法は、国民の多数に支持されていることになっているはずである。法理論的にいえば、憲法という最高位の法は、憲法制定権力によってその存在価値を正当化されている(はずである)。

一方、一度制定された憲法は、もちろん永遠に固定化されるものではない。これは記号レベルにおいてもまったく同じ論理で捉えることができる。すなわち、社会的意味は、つねに意味の闘争において勝利したときに、もっとも力をうるものであるということだ。逆に、そのような意味の闘争に敗れれば、それは多数者による合意をえないものとされ、無視されるか、あるいはそれでも執拗に勝者の立場を揺るがすものであるとみなされれば、それは検閲・監視の対象となり、抑圧されるべきものとなる。自由主義史観的言説に共感するものからみれば、従来の歴史教育は「自虐的」すぎるものであり、個人の権利のみを主張するかにみえる憲法も許されがたいものであり、教育勅語にみられる忠孝の態度を否定する教育基本法も改正の対象とする方向に進むのは必然的成り行きであろう。

さて、社会的意味の固定化を推進する「内（在）的な力」とは何かという問題については、それをひとつの「権力」として考えることができるだろう。一般的に「権力」は、実質的行為力を有するなにものかによる抑圧的力を行使できる源泉として単純にその能力の強度をはかることが可能な権力と、同意に支えられているという背景があってはじめてある行為が可能となるような権力があると理解されている[4]。たとえば、圧倒的な武力をもつゆえにいかに社会的に多数が受け入れていなくても抑圧的行為を実践することができるような前者のような権力とは異なり、後者の権力概念には、つねに社会的多数者による「同意」が前提となる。ここでの議論における、記号のもつ内在的な力というのは、この後者の概念と深いつながりがある。

このような、社会的多数者による合意を前提として、支配―被支配という関係性を固定化しようとする力としては、グラムシがヘゲモニーという概念で説明しようとしたこともよく知られていよう[5]。ヘゲモニーとは、たとえば軍事力を背景に行使可能となるような権力ではなくて、被支配層は支配層の文化を無意識に受け入れることによって、あからさまな抑圧的暴力がなくてもその支配―被支配という関係性が、抑圧的権力によって何かが強制されているという意識が醸成されることなく、いつのまにか無意識のうちに形成され、それが常態化していくようなかたちで働く力である。

記号のもつ内在的な力とは何かという問題は、こうした考察に従えば、その社会的意味が記号使用者に要求する力は、まず第一に、多数者による「同意」が前提となるものであり、同時にそれは一種の権力といえるものであろう。また第二に、そのような権力は、被支配層にとってはもとより、支配層にとっても、無意識のうちに形成され強化されていくものであると捉えられよう。そして、そのような権力を、「構成的権力」として捉えることが可能ではないだろうか。

記号の〈内(在)的な力〉

上述の記号の三つの特徴について、もう少しみておきたい。記号が意味の一般化および固定化を志向するという考え方は、とくに社会的意味の構成過程を明らかにしたいという私たちの議論の出発点となるものである。ただしそれは、記号が記号として通用する前提として、ある記号がある特定の意味をつねに意味するものでなければならないとか、さらにその記号と意味との透明な関係性をつねに固定化しておかなければコミュニケーションが不可能になるといった、記号と意味の透明（=明証）性を前提としたコミュニケーションの有効性という視点からなされるのとは別次元の議論であることは押さえておかなければならない。ここでは、ベルクソンの抽出する三つの特徴は、記号と意味の表象的関係を揺ぎなきものにする方向性とはまったく逆の方向性を示唆するものとして受け止めたい。

たしかにこれら三つの特徴は、記号というものそのものに本質的なものであるとされるが、少なくともある特定の社会的意味の一般的通用性という観点からみれば、一般化される意味もあれば、逆に社会的に抹殺されていくさまざまな意味があることは容易に理解されよう。したがって、そのような一般化のプロセスと、社会的意味の固定化のプロセスは別次元の過程として切り離せるものではなくて、一般化と固定化のプロセスは線上に連なる連続的なものであると言わねばならない。もちろん、そのいずれの過程においても、多数者の同意が前提となるのは言うまでもない。

一般化の過程を経るなかで、ある時点において固定化が完了されるのだろうが、そのひとつの指標として、それが何らかの意味での、ひとつの「法」として機能しはじめているかどうかということが挙げられるように思う。この場合の法とは、いわゆる実定法として成文化された法のみならず、一種の目に見えない法としての、たとえば当該社会集団内部における慣習的しきたり、正当な言説や立ち居振る舞いを画定するさまざまな行為規範、文化的伝統、遵守すべき伝統的儀式の手順など、社会的に許容される日常的実践を統御するおよそあらゆる「約束事」をも含むものである。また、特定の同時代的記号を生み出し、メディアにおいて繰り返し使用することによって、特定の政治的感情をいだくよう国民を誘導するときに顕著にみられるようなある特定の言説編成の構成も、このような法の一側面をなしていると考えられるように思う。イラクへの侵攻をまえに、「悪の枢軸」、「テロリスト」、したがって暴力行使の正当化といったブッシュ米大統領主導による一連の言説編成にも見られた、一切の異議申し立てを許さない雰囲気が醸成された背景には、こうした一種「法的なもの」が見え隠れしているように思うのである。このように、記号による社会的意味の一般化および固定化のプロセスは、共同体の成員間において共有されるべく期待される、ある種の行為規範構成の、または規範言語確立のプロセスでもあることが了解されよう。

しかし、記号を使用する人間たちは、規範化を促す役割だけに頼っているのではないことは、直感的に理解しているとも言えよう。すなわち、一般化および固定化への欲望に対して、つねにそれに抗う希望（そして実践）を対置させることを知っているのである。ある社会的意味の固定化によってそれに異議申し立てをする意味の抹殺が完了されるまえに、すでにその固定化のプロセスが、人が自由にものを考え、またそれを自由に表現する権利を否定するものであることを察知して、さまざまなレベルにおいて抵抗をはじめるのである。それは、革命家のようにみずからの政治的意思を前面に押し出して闘う場合もあれば、ほとんど無意識のうちに、そもそもみずからが抵抗しているという意識などないうちに日常的実践のなかで、静かな抵抗となって広がっていく場合もあるだろう。

そうした抵抗が可能なのは、記号のもうひとつの特徴である、「活動への呼びかけ」に負うところが大きいと考えることができるだろう。活動への呼びかけは、政治的抵抗を可能とする最後の砦かもしれない。すでに私たちの多くは、呼びかけにまったく感応しない、一種の「政治的無感情（political apathy）」[6]をまえにして、なす術がみつからないという「気分」を抱いてしまっているのかもしれない。B・バーバーによれば、「無力ゆえに無感情となったのである。無感情ゆえに無力となったのではない」のであるという。モーリス＝スズキ（2004: 36-7）は、「イラク侵略反対運動の沈静化には、別の不穏な理由があった」として、つぎのように続ける。「〈すばらしい新世界 brave new world〉たる二一世紀では、デモの中で叫んだり、歌ったり、踊ったりするといった言論や意思の自由な表現が認められる一方、何をしようとも権力者は無視することを、何百万もの人々が悟ったからである。あらゆる手段で強力な意思表示を行っても、権力からの応答はまるでない。多くの人々は当惑する無力感に陥った」と。何世代にもわたって奴隷制という暴力システムのなかで自由を奪われた人間が、完全に無力化されることはよく知られている。[7]

たとえば人種的憎悪表現のように、人格を貶めることをその最大の目的とする記号であることから、それに対する憤怒の念を抱くというかたちで応答を強いられるものがあろう。一方では、日常的実践のなかでは何ひとつ怒りを感じることがないような場合（かりにそのようなことが可能であるとしてであるが）でさえ、人はあらゆる記号に対して、喜びや悲しみといった、みずからそうであることを確信できる感情が喚起されるであろうし、またなにも感じないといった精神状況にあると認識する場合においてさえ、たとえばその記号の発するメッセージを無視するという応答をしている場合もあろう。いずれにせよ、人は記号を前にして、それが意識的なものであれ無意識にであれ、ある感情を抱いたり、声を出して笑ったり、怒声を浴びせることで怒りを表出したり、また声を押し殺して泣いたりといった、ある種の行為を促されもするのである。たしかにそれは、記号の呼びかけへの応答といった関係性のなかで理解されるものである。こうした、活動への呼びかけという記号のもつ力を認識することではじめて、人はことばを使うことによって生きる存在であるからこそ、さまざまな政治的領域への介入が可能となるという、アレントの解釈が成り立つのではないだろうか。

もう一度整理しておこう。一般性を志向する記号による社会的意味の構成は、多数者の「合意」を前提とするものであり、それは、記号のもつ内在的力としての構成的権力によって可能となるものである。

さらに、一般化へのプロセスが進行するなかで、ある時点おいて特定の社会的意味が固定化される。そのとき、その固定化された社会的意味は、一種の法として機能するようになる。しかし記号は同時に、そうした一般化、固定化へ抗うことを可能にする力も潜在的にもっている。それは、記号はその存在の瞬間から、同時に活動への呼びかけといった次元でも存在可能なものであるからだが、そもそも話すことができるという言語能力は誰もがもっているものであり、人間はそのような能力を共有しているという事実があるからである。人がことばを介してはじめて人として生きるものである以上、人はつねに記号の呼びかけに対してどのように応答すべきかの決定を迫られる存在である。そうした呼びかけに対して、意識的に応答するにせよ、無意識のうちに応答するにせよ、活動への案内状を受け取らざるをえない存在なのである。話すことができる存在であるがゆえに。

匿名性への志向

しかし、活動への呼びかけを徹底的に無力化する力も存在する。それは、記号の持つ匿名性への志向とでも呼べる現象である。ここでの匿名性とは、「署名」の主体の曖昧化のことを意味する。

日常生活におけるさまざまな言語活動においても、家族や友人、学校や職場あるいは住んでいるコミュニティにおける近所づきあいなどのように、直接的に相手と接するコミュニケーション行為とは異なり、新聞を読んだりニュースを見聞きしたりするときの言語活動は、活動への呼びかけという現象を考える場合、とくにその呼びかける表現の創作主体の顔が見えにくい。呼びかけてくる相手が固有名をもった存在として直接的に視野に入ってこないからである。またそうであるが故に、たとえばある裁判についての報道に接しても、判決文を書き、判決を言い渡した主体が「裁判官」であり、また個々の裁判官は「裁判所」に所属していることは、問われればこそ誰もがそのように答えるであろうが、報道を受動的に受け取る場合、裁判に何らかの意味で積極的にかかわっていない多くの人びとにとっては、特定の裁判官が誰であるのかは、それほど興味を引くものではないだろう。判決文を書き、そしてそれを言い渡す人間はただ「裁判官」でありさえすればよく、それはまたときとしてどこの「裁判所」であってもよいという意味で、私たちは、報道における匿名性にあまりにも慣れ親しんでしまっていることがわかる。それが数値としてはっきり目に見えるかたちで確認される機会として、最高裁判所判事の国民審査という制度がなくもない。有権者が現役最高裁判事のリストに可否を記入するという単純なものであるが、実際にはほとんどの人がそれら判事を、個人としては知らないまま、いくつかのそれぞれがかかわった裁判についてのほんの短い記述のみをもとに判断することになるのだが、しかし実際にはかなりの得票率で再任されるのである。それは、特定の判決文を書いたり実際に判決を下す特定の裁判官も、「裁判官」という隠れた主体の仮の姿をとることが多いのと連動している現象であると言えよう。そこには、ちょうど日常的言語活動における発話者が、実は単なる仮の主体として発話しているにすぎないのとまったく同じ構造がみられる。

ただし、このことは単に批判されるべき現象として捉えるのはまちがいである。裁判官が、一般市民をまったく説得できないような、まったく独りよがりの独断的偏見に満ちた判決文を書くことは許されないであろう。というよりも、そのような意見を強制するような裁判官は、もはや匿名の「裁判官」でさえなく、それは特定の独裁者か狂人のような存在にすぎない。したがって、独裁者や狂人であると受け取られることを恐れる裁判官たちは、固有名で語ることは極力控えるだろうし、結局は匿名の「裁判官」として発言する存在にさせられる。たとえば、判決（憲法判断）を下す際の、「裁判所が頼ることのできるただひとつの権力は、世論の有する権力である」（Davis, 1994:1）といった見方には、「世論」を無視できない裁判官を、つねに匿名にせざるをえなくするような力の存在が示唆されている。同じように、日常の言語活動においても、まったく独自の言語を独りよがりに使用することは、もはや同じ表現共同体に属していない表明となる。したがって、表現共同体から孤立することを望まない多くの人びとは、その共同体の言語規範に従おうとするのは当然である。

このように見てくると、一般的な発話者もつねに「仮の主体」として行為していることがわかる。いかなる言語活動においても、匿名性を志向する言語のもつ特徴から逃れることができない故に、「仮の主体」として実際の発話を行うよう運命付けられていると言い換えてもよいだろう。こうした、言語活動における、かぎりない匿名性への志向は、言語の持つ第四の本質的特徴として認められてよいだろう。

しかし、このような意味での言語活動における匿名性への志向に屈するだけであれば、言葉を使用することで政治的領域に介入するという、H・アレントの言う政治的人間の存在余地はない。それは、一旦確立された規範言語を使用することが運命付けられているとすれば、もはや政治という営みは必要なくなることを意味するからである。そのようなところでは、ベルクソンの言う言語の本質的特徴である、活動への呼びかけといった現象も、まったく起こりえないものとなるだろう。換言すれば、私たちは、個々人が自由に思考することなどあり得ない一種の応答機械として、定められたプログラムに従うだけの条件反射的存在でしかないことになる。活動への呼びかけという概念が示唆するのは、プログラミングされたとおりにしか振舞うことのできない存在としての人間ではなくて、プログラムの窮屈さから逃れることを想像できる、すなわち、ものを考える自由をもつ人間像の確立である。こうした人間像をイメージすることを、仮の主体の「人間化」とでも呼ぶことができるだろう。

言語のもつ匿名性に打ち負かされないためには、仮の主体の「人間化」が必要である。こうしたこころみは、ポストモダン的思想においては、まず、自由な思考をするべき主体を抑圧する存在としての「仮の主体」批判というかたちでなされてきた。いま回復すべきは、そうした、自由に思考する個人の確立という方向において新しい主体を立ち上げることである。しかしそれは、匿名性を志向する言語活動というまぎれもない現実を前にして、そのような個人はあまりにも無力であり、網の目状に張り巡らされたネットワークのなかで抵抗できる主体に変革するには、あまりも弱く小さすぎる存在でしかないという、きわめて悲観的な主体像を描くことにもつながってしまう。そして本来のありうべき主体の言説を脱構築するなかでみえてきたのは、あらゆる主体は仮の姿をしているのにすぎなくなり、もはや主体などというものは存在しないという、ある意味で破滅的な主体像であった。

多くの人びとが政治的無感情をその存在条件として受け入れてしまったかにみえる今の時代においては、まず第一にみずからを「仮の主体」としてしか存在できなことを認め、さらにその上で、「仮の主体」として活動への呼びかけに応えるという、「人間化された仮の主体」として生きるという主体像を確立すべきであろう。いかに強力なプログラムに支配されていようとも、かならずやそのプログラムの小さな隙間に、みずからが反応する小さな響きを聞き取ることのできる存在として。

ひとつの方法として、私たちは、仮の主体の「著作権」を放棄することによって、そうした仮の主体が仮につくりだした表現=作品に、「作品の自由」を認めるという戦略を構想できるように思われる。自らの著作権を主張する存在ではなくて、著作権を主張しない行為主体の創出という戦略である。あくまでも、すでになされた、発せられた、書かれた作品そのものの存在権を認め、そしてその作品自体に、その存在の自由を認めるのである。その完成された作品を、どのように見て、どのように聞き、またどのように読むのかは、それを受け取る側が決定することであり、それを現実の言語的表現として編集された仮の主体の意向は、その場合にはどうでもよいこととして。これは、つぎにみる、「表示が意思を作出する」（蟻川 2004:116）という「全き自発性」の強制に抗うための戦略的実践につながるものとして考えられる。

作出される意思

仮の主体である「裁判官」が、みずからの発言の著作権を放棄するかわりに得た匿名性によって、判決を下すという権限が正当化される。とくに最高裁「裁判官」の権限に支えられた判決は、それ以上の控訴がありえないという意味で、最終審判としての機能を有する。しかし、裁判は複数の裁判官によって審理されることから、多数を形成する法廷意見だけではなくて、少数の反対意見のなかに、通常の法理論的な立場を離れた、いわゆる「匿名の裁判官」としてではなくて、ある意味で固有名の主体であることを前提にした意見が書かれることがある。

一九五六年七月四日の大法廷判決における一裁判官の意見のなかに、蟻川(2004)は、法廷意見を書いた裁判官の認識構造とはもちろんのこと、同じ反対意見を書いた裁判官のそれとも異なる立場から書かれたひとつの意見を見出して、当時それがなぜまったく理解されなかったのかを、その前提的認識構造の違いから描いている。名誉毀損行為の加害者に対する謝罪広告命令が、憲法十九条で保障される良心の自由を侵害するかどうかが争われた際のこの最高裁判決は、当該命令には謝罪の意志は含まれないとして合憲であるとする立場と、それを含むとして違憲とする立場の対立として捉えられてきたという。[8] 合憲の立場を表明した田中耕太郎裁判官による「補足意見」は、謝罪広告命令そのものにはそもそも謝罪の意思は含まれないとして、本心として謝罪意思を持たない被告に対して謝罪行為を強要することにはならず、よって広告命令そのものは合憲であるとした。一方それに対して、藤田八郎裁判官は、被告が謝罪意思をもっていないにもかかわらず、謝罪命令としてみずからの行為を非行であると認め公に表現することを強いるのは、広い意味で良心の自由を侵害するものであり、謝罪広告命令を出すことが違憲であるとの「反対意見」を書いた。蟻川の整理では、両者とも被告の意思に関する「内面」としての良心の存在を認めた上で、「外形」として表現される謝罪広告がその意思に反して強制されるか否かという、いわば「内面」と「外形」のずれを、憲法判断の前提としている点において、両者は「同一の討議空間」を共有しているとされる。すなわち、「両意見は、謝罪広告命令を、「内面」と「外形」のずれを作出する国家行為であるにも拘らず、これを許す、とするか、「内面」と「外形」のずれを作出する国家行為であるが故に、これを許さない、とするか、という同一の討議空間を共有した」という分析である。「田中意見は、「内面」と「外形」のずれが、被告から「誠実さ」を奪うことを認めながらも、それは憲法十九条の問題ではないと」するものであり、「藤田意見は、「内面」と「外形」のずれが、被告の「心」の分裂をもたらすが故に、それを憲法十九条の違反であるとした」(114)と。

田中裁判官による、内面と外形のずれとは、「行為と意思の齟齬の可能性の問題」であり、謝罪広告命令がそのような齟齬を生み出す可能性は十分に認めたうえで尚、そもそも法はあくまでの「行為の外形にのみ関わる」ものであるかぎり、かりにも謝罪の意思を持たない者による謝罪広告が「誠実さ」を奪うものであるかどうかは関知しない以上、それは良心の自由にかかわる問題場面ではないが故に合憲であるとされ、一方藤田裁判官は、国家権力がみずからの良心に反して内心を公に表現することを強制するという側面をみることによって、良心の自由を侵害するものと捉える。

蟻川論文は、これらふたつの代表的意見に隠され、あるいは無視されてきた、入江俊郎裁判官による、もうひとつの「反対意見」を新たに読み直している。それがほとんど無視されてきた理由は、入江裁判官が、謝罪広告命令を命ずるだけなら憲法十九条違反ではありえず、強制執行を許すとするかぎり憲法違反となるとした点が、上述の「討議空間を共有するものでなかったこと」によるという。両裁判官の入江裁判官に対する批判は、「強制執行の許否で憲法違反の成否に違い」は生じないということにあるが、「これをおかしいと思うのは、先に見た討議空間を前提にしているからである」(115)と。

入江意見の「思考前提」を、蟻川は、次のように析出する。すなわち、公に出される謝罪広告は、被害者に対して加害者の名によって読まれるものであり、「そこに、訴訟の介在や、まして文案の作成者が裁判所であるということを探知することは不可能であ」り、それは「欺瞞である」というのが入江意見の討議空間の前提にある。この「裁判所の関与の痕跡が、――謝罪広告の文面と名義の両面に亙って――徹底的に消去されている」として、この欺瞞を追及したのが、入江裁判官の意見であるという。こうした入江裁判官の意見の特徴を、「表示が意思を作出する」(116)という表現で捉えられている。

こうした捉えかたは、入江裁判官による反対意見は、新聞等に公表される謝罪広告の作者(=被告人)の存在を当然視する思考方法への批判となっているとみることもできる。通常、謝罪広告には被告という作者が存在し、その謝罪広告の文面には作者としての被告の意思が反映されており、そのことをもって被害者への謝罪の意思が表明されたことになるという、謝罪広告の正しい読まれ方の欺瞞性をついたものとなっているわけだ。蟻川の指摘する討議空間の違いとは、謝罪広告の読まれ方という点からみれば、田中および藤田両裁判官と入江裁判官が、謝罪広告の作者と読者の関係のあり方をどう捉えるかの違いでもあると言えよう。両裁判官からすれば、謝罪広告には作者と読者の関係性はまったく考慮する必要がないものであり、たとえば内面と外形のずれを問題にした田中裁判官にとっては、内面は意思そのものであり、意思を形成するのは、やはり謝罪広告の作者たる被告本人でしかない。意思=本心は、やはり被告人個人の内面にしか存在しないものであるのは彼らにとっては自明のことである。

一方、入江裁判官は、署名という行為をともなった、公表された謝罪広告という「形式」そのものが、被害者およびその他不特定多数の読者に読まれるときの、自明とされている読みの作法に着目し、それによって、「被告名義の表示であるにも拘らず、それを、被告が自ら管理できない点」（118）に、問題の所在をみるのである。ここに蟻川は、内心の自由の二つの立場をみる。すなわち、田中および藤田裁判官の討議空間における内心の自由とは、「自己の〈内面〉的意思を他者によって圧迫されない自由」であり、入江裁判官の討議空間におけるそれは、「〈外形〉たる自己の意思表示を他者によって作出されない自由」（118）という、それぞれの自由領域の違いをみるのである。

田中および藤田裁判官のような討議空間の共有は両者のみにみられるものではなく、「被告の意思に関する〈内面〉と〈外形〉のずれを主たる問題とする討議空間の在り方は、むしろ、謝罪広告命令の憲法適合性を考察する多くの論考の間で、広く、緩やかに、共有されている、と観てよい」（114）との蟻川の記述からすれば、こうした入江意見のような討議空間は、現在でも少数派の部類に入るのだろう。

実際に損害を認めるか否かが法廷で争われる名誉毀損訴訟の場合のように、当該行為の外形にしか法は立ち入るべきではないとすれば、そもそも入江意見のような討議空間は、少なくとも法廷では認められるべくもないだろう。しかし、自明の討議空間の限界性をつく意見を書ける裁判官がいることは、「法の力」とは何かという問題を見ていくうえでも心強い。

私たちの議論のように、実定法に限らず日常的実践において法的な強制力が働くようなものをも一種の法として捉える場合には、このことは一層重要な意味をもつ。あらゆる表現には作者の存在が認められなければならず、表現内容にはその作者の意思が反映されていなければならないとする、表現の解釈の作法は、「広く、緩やかに、共有されている」とみてよいだろう。

ところで、この蟻川論文には「署名と主体」というタイトルが付けられている。このタイトルは、この「広く、緩やかに、共有されている」討議空間を脱構築するための二つのキーワードでもあるが、本論中にはこうした文言は使用されていない。このタイトルをみてまず思い浮かぶのは、「署名　出来事　コンテクスト」というデリダ論文である。論文の最後には、わざわざデリダによる署名がなされ、そこに次のような「注記」が付されている。

> （注記。この発表——口頭の——のテクスト——書かれた——は、学会開催前に「フランス語圏哲学会協会」宛に郵送されねばならなかった。この送付物はそれゆえ署名されなければならなかった。私はそうした、そしてここにそれを偽造する。どこに？　そこに。J.D.）

一般的意味でのコミュニケーションを一種の同質的な意味空間としてみるデリダにとっては、エクリチュールという空間内では、「受け手の絶対的な不在」、すなわち「受け手の死を越えて構造的に読解可能——反覆可能——でないようなエクリチュールはエクリチュールではないだろう」（デリダ 2002:22）という言明にもみられるように、署名者すなわち永遠の作者によって込められた意図、すなわちその同質的な意味を読み取るというような所定の読者は、デリダの考える言語活動においては絶対に存在し得ない。同様に、作者である署名者も、その署名行為をするとき一回限りの存在であることは認めるべきだとしても、その署名者も永遠ではあり得ない。署名者とは、まさに、そここに、署名を「偽造する」存在でしかあり得ないのである。署名という行為は、それまでは存在しなかった作者を作出する言葉行為のひとつでもあるわけだ。さらに署名は、反覆可能なものであり、署名行為において、つねに偽造される作者がそこかしこに存在可能となるのである。

しかし、通常は、署名者は読む者に意図を強制できる特権を付与された主体であるというのが、およそほとんどの日常的実践のなかで正当化されている認識である。特定の読みの強制執行権限を有する署名者としての主体。否、署名者に強制執行権を認める構成的権力という捉え方をすべきか。特定の読みの強制執行命令を発する主体に禁止・抑圧の力の源泉をみるのか、それとも強制執行命令そのものに禁止・抑圧の力を与える、別の力の存在をみるのかという問題としてみるべきだろう。この点について、デリダはつぎのように述べている。「あらゆる警察が抑圧的であるわけではないのと同様、法一般もまた、たとえ否定的、制限的、禁止的な諸指令にあってさえ抑圧的であるわけではない。赤信号は抑圧的ではありません。もし何としてもこの禁止力を「抑圧的」とみなそうとするのであれば（これはしかるべきコンテクストが規定されるなら絶対的に禁止されるものではない）、この抑圧的な性格を、次のような力のもつ性格から区別せねばならないでしょう。この力の性格は決して中立ではない評価のなかで不当な野蛮さへと結び付けられているのですが、つまりこの力とは、自らのもち出す法そのものをきわめて頻繁に侵犯するという力なのです。こうした区別は時として困難であるけれども、法と禁止、法と抑圧、禁止と抑圧の各々を慌てて混同しないようにすることは必要不可欠です」(286)と。

こうした考え方に従えば、謝罪広告命令そのものは、任意履行という条件下においては、その債務を履行するかどうかは自由であり、その外形的相貌のみをみるかぎり、それは強制にはならない。謝罪広告命令を発する「裁判官」は、そこでは抑圧的ではない。しかし、蟻川の指摘するように、「任意履行を拒んでも強制執行されないにも拘らず、あえて判決に従うとしたら、それは、被告自ら、〈外形〉を作出したことを意味する。そこに、判決によって命じられた〈自発的に〉謝罪広告が成立する」(蟻川 2004:119)のである。そして蟻川論文は、「強制執行を禁ずる条件の下では、判決に従って債務を履行するか否かは自由であり、権威づけられた判決の事実上の〈強制〉力に屈して、被告が、心ならずも謝罪広告を出したとしても、それは全き〈自発性〉のあらわれである、とする入江意見の〈苛酷な自由〉は、この国の法世界の容易に受け入れるところではないであろう」(120)と結ばれている。自らの意思でという意味で自発的ではないにもかかわらず、《全き自発性》と受け取られてしまう構造が、ここでもみごとに析出されている。このような、謝罪の意思なき、誠実さに欠ける形式としての謝罪における「自発性の創造」という側面は、日常的実践のなかでもいたるところで観察されるものである。

入江意見が触れてしまったのは、目に見えないかたちで事実上の強制執行を可能にする、暴露されてはならない構成的権力の存在である。「権威づけられた強制力」とは、そういうものとして存在するのである。それは、法の尊厳を支える、なくてはならない力なのである。かりに、強制執行がなされれば憲法違反となるという論理が正当化されてしまえば、法の尊厳が踏みにじられることになり、強制執行の執行官たる裁判官の存在を抹消することにさえつながる、極めて危険な思想であることになる。法は法それ自体尊厳を有するものとして存在し続けなければならないものであるし、裁判官も裁判官であるかぎり執行命令の有無にかかわらず権威のあるものであり続けなければならない存在なのである。

しかし、裁判官は、本当はそんなことを恐れる理由はないはずである。たしかに構成的権力を背景にして法の尊厳が保たれているわけであるが、憲法をはじめとするあらゆる実定法の適用の可否をめぐる判断に際しては、「世論」や伝統といった、その強制権力の主体を特定しようのない構成的権力による決定とは異なって、少なくともその判断の構成員を簡単に特定できる「裁判官」が、仮の主体とは言えども目に見える存在として現前している。したがって、入江意見のようなかたちで、討議空間の異なる裁判官に直接向けた批判意見を書くことも可能になるのである。それは、あくまでも実定法のような成文化された国家言語を拠り所として討論が可能となっていることに負うところが大きいかもしれない。より直截的に言えば、実定法の役割は、構成的権力に支えられた仮の主体をできるかぎり目に見える存在にすることだと言えるのではないだろうか。それは、発言の責任の所在を明確にし、言語活動のもつ匿名性に対抗するための源泉となるだろう。実定法の権威が及ばないような圧倒的「世論」のような場合には、一体誰が、あるいは何がそれを構成しているのか、その主体がまったく見えないだけに、より手に負えないものとなるのとは対照的である。

さてここで、一人格として認められた存在としての人間が、「よい生き方とは何かを〈自己認証する源泉〉として自分自身を主張する自由」(コーネル 2001:79) という良心の自由についての解釈を思い出してみよう。謝罪広告命令への強制執行がなされた場合には、憲法で保障された良心の自由が侵害されたことになるという論理は、謝罪の意思がないにもかかわらず謝罪表現の表示を強制されたときに、その表示それ自体が、自らの内心とは異なる意思を作出されたことになるが故に、良心の自由を侵害されるとするものであった。この問題を、謝罪広告命令に従いたくないという意思をもつ自己像を描こうとする自由への侵害というように解釈することができれば、コーネルのいう良心の自由と同じ問題圏のなかで考察することができるだろう。

謝罪の意思がないものに謝罪を命じること自体が憲法違反であるとする議論と、謝罪の意思がないものに謝罪を命じ、かつ強制執行することが憲法違反であるとする議論との違いは、謝罪広告命令に従いたくないという良心の自由を侵害するという問題設定と、謝罪広告命令に従いたくないという意思をもつ自己像をつくりあげる自由を侵害するという問題設定との違いである。前者においては謝罪広告命令にどのように対応すべきかを決定する自由はあらかじめ被告が有しているものであることが前提とされている。一方後者の捉えかたがあぶりだすのは、強制執行という要因が加わることによって、そのような自由は、たしかに理論的にはどのように反応するのかは被告自身の決定に委ねられているとされても、実際には従わざるを得ないというかたちで、自らの自由を自らが否定したという形式論理に絡めとられてしまうというところに問題があるということである。

換言すれば、憲法十九条の保障する良心の自由は、なにびとも例外なくどのような状況においても、いつでもまたどこにおいても、すなわちどのような抑圧的命令のもとでも、それに屈するか抗うかの決定は、みずからが行いうるものであり、またそのような人格として存在していることが前提になっているということだろう。それに対してコーネルの描くイマジナリーな領域という概念によって守ろうとするのは、実際には、国家が制定した法それ自体が、みずからどうあるべきかを決定する自己像を描くことを否定するように仕向ける力を有するものでありうることを前提に、そのような力から免れることの可能な心的空間なのである。

記号による活動への呼びかけという問題圏においては、そのような呼びかけにどう応えるべきかを想像することができる自己像を描くことが可能か否かの問題としてみることができるだろう。呼びかけの意図に従うのか、それに抵抗できるのか、あるいは呼びかけの強制的意図そのものに対して反駁できるのか、みずからがどのような立場に立った振る舞いが可能なのかを、他者の眼に曝されないかたちで、「内面のモニター」で観察し、そのような自己を生きることを否定しないですむことができるかどうかという問題として。

謝罪広告命令の問題から離れてみても、このような関係性のなかで考察しなければならない問題は、日常生活の、いたるところでみられる。最近それがもっとも暴力的なかたちで顕在化した例として、国旗・国家法に依拠した君が代斉唱の強制の問題がある。そのような「強制執行」のもとでは、内面を他者に曝すことを強制されるが故に、それは良心の自由を侵害し憲法違反であるとする捉えかたは、すでに多くの人びとが公にしている。[9] しかし同時に、それはあくまでも「強制」ではないとする言説の力も非常に強いものがある。強制ではない以上、従うか否かは自由であることになり、それはそもそも良心の自由の問題圏には属さないというわけである。

謝罪広告命令の問題においては、ある意味で強制執行の主体が相対的に目に見える。しかし、国旗掲揚や君が代斉唱の「強制」の主体は、法的にも認定しがたいかたちで存在することが、この問題を良心の自由の問題圏で議論することを難しくしているのではあるまいか。またその「強制」に抵抗するか否かの決定のあとに表示される従順な表現（すなわち起立する、斉唱すること）は、それが自発的になされたものとして受け取られる。一方で、それに従わなかった表現（着席したまま、声を出してうたわないこと）は、処罰、「指導」の対象となることが、良心の自由の侵害として認められないという現実がある。起立・斉唱の意思がないのにそのような表示を強制されることも、そのような意思がないので起立・斉唱しないという表示を処罰・「指導」の対象にされることも、いずれもイマジナリーな領域への権利に基づくコーネル的な良心の自由を侵害したことになる。

自己の生き方を想像・再創造する心的空間への権利という権利概念は、法制度化にはなじまないものであることはすでにみた。何かを禁止する法として立ち上げることは、同時にその処罰の「対象」を作り出すことが必要となる。しかし、じつはその「対象とされる表現」は法それ自体によって作出されるという事実が、完全に隠蔽されてしまうことが問題なのである。

言語的知性による事件の構成

最近の「旗」と「歌」をめぐる問題は、とくに学校のなかで起きていることであり、そこに直接かかわらない人びとは、そうした問題が起きていることを、一種の「事件」として知らされることになる。私たちは多くの場合、距離的に遠いところで「事件」が起きたときに、まずはマス・メディアによる報道を通して知らされることになる。映像によって多くの情報を伝えるとされるテレビ報道においても、例えばニューヨークの高層ビルに突入する旅客機のような通常では想像できないような映像が映し出される場合に限らず、事件の「輪郭」を伝えるときに主要な役割を果たすのは、そのつど作り出される特定の（言語や映像による）表現であると言えよう。とくに、事件の不可解性が強調される場合には、多くの人びとの共有する「なぜ？」に説明を与えるようなキーワードがいくつも登場する事態を、昨今では日常的に経験される。

記憶に新しいところでは、二〇〇四年六月一日の午後、九州にある一公立小学校で、小学校六年生の女児が同級生をカッターナイフで切りつけ、死亡させるという事件があった。仲のよかった同級生による殺人に対して納得の行く「世論」を作り出すことのみが主たる任務といわんばかりのマス・メディア報道においては、ネットの世界＝「心の闇」という図式が提供され、それに対する識者のメタ解説がつづき、あるいは日本ＰＴＡ全国協議会などによるネット利用調査などがタイミングよく報道され（『毎日新聞』2004/6/17）、親は子供たちの世界をほとんど共有していないといった論調で「世論」用のストーリーが形成されていった。

「不可解な」少年犯罪をめぐっては、「心の闇」といった表現がよく使われる。小学生の頭部が発見され中学生が逮捕された事件、十七歳高校生による乗客を牛刀で脅したバス乗っ取り事件などのときもそうである。[10] 心の闇という言い回しは、一見気の効いた表現に響くが、実際にはそれが何であるのかを誰も説明できない。少年の精神状況を説明するために多用される表現であるにもかかわらず、実は何も説明していないことなど、メディアに登場する識者ならずとも、誰もが抱いている感覚であるはずだ。しかしなぜか、この表現は好まれ、そしてそれを説明するためのストーリーも数限りなく生産される。こうした傾向は、報道に際しての一現象としては、それはそれとして必要とされている。何しろ、報道によってとりあえず事件の輪郭だけは伝えなければならない。そのときに、ことばを使用せずに映像だけで伝えることは、ほぼ不可能であるからだ。通常の報道写真などでさえ、それに付す説明文が添えられるのもそれが理由である。

それにしても、報道における表現を通して事件の輪郭を知るとはどういうことなのだろうか。ひとつの解釈として、「外側から、既知の事項［＝表記］termesとの対応をとおして、相対的に知る」（ベルクソン 2003a:25-6）という説明がある。「心の闇」というような表現は、確かに、ある種の既知感覚とでも言えそうなものを伝えるといった響きがある。しかしそれは、錯覚にすぎない。それは単に、「心」も「闇」も言葉としてはすでに一般性を獲得したものであり、さらに事件がおきる度ごとに、識者と呼ばれる人びとが多用するがゆえに耳にする機会が多いということにすぎないのではあるまいか。「ネット」ということばも同様である。じつは、ネット世界に親しんでいる人びとでさえ、じつはネットとは何ものであるのかは理解できていないのではないか。もちろん、コンピュータの使用主体として、いわゆるコンピュータ・リテラシーを身につけているという意味では、ネットでどのようなことが可能かをある程度までは知っていると言えようが、ネット上のコミュニケーション的行為が人間に何をもたらすのかは、じつは何も理解できていないのではないか。インターネットなる便利な世界が存在し、コンピュータがあればその世界に参加することができるといったイメージが一人歩きしているにすぎないものであるはずなのに、それでもインターネットを語ることができるような感覚を共有することも、これまた錯覚にすぎない。このような状況はまさに、「既知感を与える表記との対応を通して、相対的に知る」とでも言わなければならないだろう。

しかもやっかいなことに、事件を起こした人物を知るためには、事件そのものが必要であるという現象がある。日常的に小学生に接することがない人びとは、とくにそうである。「不可解な」事件こそ、いまどきの小学生を知る良い機会となるのだ。否、毎日子供たちと接している小学校の先生たちでさえ、子供たちのこころが理解できないなどと言うのを聞く昨今である。現実の事件報道も、小説における人物の構成が「事件から事件」(31)へというかたちで、事件の構成を通して語られるのとまったく同じような構成をとっているようにさえ思われるのだ。

しかし、いくら事件をことばによって構成しようと試みても、それは失敗に終わる。なぜならば、事件構成における「要素は、その事象の断片ではなく、表現対象に対してつねに不適合なシンボルによる翻訳の断片である」(31)からだ。「新しいものを表象するには、一つの記号ではなく、複数の記号を一緒に構成する必要があり、それらの多かれ少なかれ新しい配列が、新しいものを模倣することになる。……この記号の集合は、完全な事象に対して不完全である」かぎり、そもそも完全な構成などありえない。しかしそうした「事象の人工的な模倣」(29)自体は、それ自体として非難されるべきものではない。言葉を介して政治的世界に生きる人間は、そのような運命から逃れることはできないし、またすべきではない。むしろ必要なのは、そうした、表現による構成を通して事象を理解する必要性を認めた上で、「構成されているものは、そのなかにあるだけの諸部分しか含んでおらず、それが存在する場合、必然的に無数の諸部分から構成されている」(28)ということを、忘れないことなのだ。

ベルクソンによるこれら一連の捉え方は、事件と構成要素の可能なかぎり誠実な関係の上に立脚しているものである。事件と構成要素の可能なかぎり誠実な関係というのは、少なくとも、構成要素たる一連の表現が、単なる既知感に依拠しているのではないという意味だ。おそらく小説の人物描写においては、そうでなければ小説としては駄作以外のなにものにもならないだろう。小説では許されなくて、現実の事件報道でそれが可能になることこそ、問題としなければならない。

「不可解な事件」報道における、既知感のみに依拠した意味の空疎なことばの多用は、さらなる問題を引き起こす。メディアで何度も繰り返し使用されることばは、その都度の反復において、不可解であるという意味だけは確かであるという感覚を増大させるという問題である。それが、「心の闇」などという意味不明の表現が、何の留保もなく、「不可解な事件」を説明する表現として定着していくという、悪循環に陥っていくのである。やがて人びとは、「不可解な事件」とか「心の闇」といった表現を、その著作権がまるで自分にあるかのように、「自発的に」使用するに至る。

そしてその最終段階においては、不可解な事件の語りにおいてだけではなくて、あらゆる語りが、まったく意味不明ではあるがメディアで多用されるようなことばで構成されるという事態が起こりうる。いつのまにか、誰もがその社会的意味の成り立ちなど考慮する必要がないという身構えを身につけるのだ。そのような空疎なことばで構成される私たちの社会において、誰もがそうしたことばで自発的に語っていると錯覚するようになり、その錯覚構造を暴こうとする言説を敵視するという事態さえ起こるのである。

そして、既知感を唯一の支えとする空疎なことばが討議空間を席巻するようになると、討議空間を仕切ることができるか否かは、そのようなことばをどれだけ多く知っており、またそれをどれだけよどみなく吐き出し続けることができるか否かにかかってくる。そのような状況は、みずからの発言に責任をもつという、発言に際しての最低限のルールさえ完全に破壊しつくすような、限りなく軽い言説を連射できる能力がもっとも強力な武器となる世界を招来することに寄与する。

マルチチュードと構成的権力

意味の一般化、その固定化、それと表裏一体の匿名化、またそうした流れに抗するかのごとく要請される活動への呼びかけといった、私たちの言語活動にみられる特徴は、よりよい生を追求可能な意味空間の構成に際して、どのようなかかわり方をするのだろうか。ここまでの議論においては、意味の一般化や固定化を促す力が構成的に働くものであることを前提に、言語記号の特徴をみてきた。意味を一般化しまた固定化する力は、国語審議会といったような組織体の遂行権力によるものではなくて、いわば多くの人びとの同意の上ではじめて可能となるものである。もちろん、正書法を定める権利をもつ国家と、それを維持する権力を付与された教育機関の及ぼす影響力を無視することはできないが、ことばを話す能力が備わった個々人の言語活動における内心まで完全にコントロールすることは、いかに強力な国家権力といえども、理論的には不可能である。

さて、その場合でも、社会的意味を支える多数の人びととというのは、どのような人びとなのだろうか。多数の人びとが支持する社会的意味は、つねに正義にかなっているものだとは限らないし、逆にある社会空間における多数者が〈よそ者〉を排除するような差別的意味を支持する場合もあるように、ある社会的空間において力を有する社会的意味とそれを支持する多数者との関係は、当該の社会的意味の価値判断とは別のところで観察されるものである。ある社会的意味が正義にかなうものとしてみなされるべきか否かは、そこでは問題とならない。この時点で重要なのは、いずれにせよ、ある特定のものの捉え方がある種の社会的意味となりうるためには、多数者に支持されているか否かということであろう。さらに、その支持の仕方が本心からものであるかどうか、ニヒリスティックなものであるかどうか、何らかの圧力に強制されたものであるかどうか、などといった問題とも切り離して考えてよいであろう。社会的意味が正義にかなったものではないとか、あるいは多数者自身が正義を否定しているとかいった問題は、そのつぎの段階で考えるべき問題であろう。

さて、ここでの多数者をどのように捉えるべきかという問題である。ひとつは、議会制民主主義というシステムのなかで形成される、権利主体としてのホッブズ的「人民」による多数者が考えられる。自律した個々人である人民という多数者による決定の方式としてもっとも使用されるのは、多数決原理である。多数決は、はっきりと数としてカウントできることから、ある意味で「客観的」なものとしての説得力をもつのである。しかし、大衆の暴力もそうであるし、議会制民主主義制度の枠内における法の暴力もそうであるが、多数決原理が、むしろ正義に反するものとなる事例は、日常生活においても確認しうるものである。

しかし、社会的意味を支える多数者というのは、そのような具象化をともなった大衆ではない。たとえば最近法務省が発表した人名用漢字の追加案の公表に際して寄せられた批判に呼応するかたちで、法相の諮問機関である法制審議会の専門部会が、「市民」から寄せられた不人気な人名漢字の削除の方向で審議を再開したとの報道がなされた。[11] このような問題はある意味で「政治的」問題ではないことから、こうした迅速な展開によって事が運ばれた例であるが、そのプロセスが目に見えるかたちでなされたことにひとつの特徴がある。すなわち、これは国民投票といったかたちの多数決ではないが、「多くの市民」というカモフラージュのもとに、社会的意味が構成されるという例である。そこには、「人民」的多数者ではない多数性が想定されなければならない。

当報道記事によれば、不人気なものの代表として挙げられたものは、「糞」とか「屍」といった漢字であるが、これらの漢字が不人気であったとして削除しても、誰も文句は言わないだろうという前提的読みがあったのだろう。そのような前提こそ、「人民」的多数者ではない多数者に支持されているものではないだろうか。たとえば、「常識」といったものとして。それは、その支持者である多数者を、それぞれの固有名で確認できるようなものではない。むしろ、さまざまな特異性を有する個々人による支持があるようにみせかける何ものかの存在である。

おそらくそれは、多数を構成するマルチチュードと名づけられる多数性でもある。「人民」が投票する多数決のようなかたちで決定されるものではないが、背後に多数性が存在することを伝える、差異を有する個々人のもつ特異性の集合体のようなものである。人民による多数性と異なる点は、たとえばある社会的意味が、実際にはきわめて少数の人びとが言い出したにすぎないものであっても、マス・メディアによる反復によっていつのまにか「世論」によって支持されたものとして提示されていく場合があることにも見いだせる。また逆に、民主主義のもとにおける法の暴力性が「人民」的多数者に認められていても、議会制民主主義の枠内では、理不尽であるといった大衆の気分が権威をもたない場合もあるだろう。それは、政治的無力感を生み出す源泉ともなるはずだ。

特定言説を支持する多数者の集合をそのようなマルチチュードとして捉え、その言説の支持の権威性の源泉を構成的権力として捉えることによって、私たちを襲う政治的無力感を克服できるのだろうか。ネグリの構想するマルチチュードと構成的権力は、あきらかにイエスと答える。しかし、すでに触れたように、構成的権力は、善とも悪ともなりうるような両義的なものであることは認めなければならない。

すなわち、構成的権力は、一種の大衆の暴力として現われる場合もあるということだ。

そうした政治的無力感を克服する方法として、通常は、市民によるローカルなネットワークの構築が唱えられてきている。ローカルであることの利点は、その境界がどこになるのかがまったく分からないが同時にそれ故にきわめて影響力の強い「世論」なるものを支える空間とは異なった討議空間を形成できるというところにある。

しかし、そうした世界にさえアクセスする術をもたない、さらに多くの人びとには、それを奨励する言説さえも、空疎な響きを持つ権威的言説にすぎないものとなる。人びとが知の所有者に対して抱く直感的嫌悪感とでも呼べるような感情が生まれるのである。さらに、みずからの言説に著作権を主張するような行為のなかにある種の偽善性をみてしまうことも、そうした嫌悪の感情を湧き上がらせる。そうした嫌悪感を生み出させないようにするためには、第一に、みずからの言説が権威性を帯びないように気を配り、著作権を主張していないことが伝わるような姿勢を積極的に示す必要がある。それは、みずからの言説の権威性を、みずからの行為のなかで否定するという、とても困難な実践になるだろう。それは、みずからの言説の匿名性をできるだけ取り除くことによって、相手に対する活動への呼びかけが、実際に相手の応答を呼び込むことにつながるものでなければならない。

このようにみてくると、言語記号のもつ一般化、固定化、さらにそれらから引き出される匿名化、そして活動への呼びかけといった特徴は、それぞれ（この両義的なものである）構成的権力を維持する機能をもっていることがわかる。もちろん、こうした言語記号の特徴は、言語を話す「主体」、言語にみずからの意図を込める「主体」といったものを否定した上でという条件つきで考えなければならない。逆にそのような自律する主体を想定し、意図の交換コミュニケーション行為としての言語活動といったものを前提とするならば、意味の一般化・固定化は、まさに人民的多数者、すなわち発言を許された者たちだけによる多数決によって構成されることになってしまうからだ。

言語活動そのものが、本質的に共同作業として実現するものであり、そのような協働は、話す存在としてのすべての人間がかかわる権利を有するものである。そのプロセスそれ自体が、マルチチュードによって支えられる構成的権力そのものでもある。そのマルチチュードによって生み出される構成的権力こそ、呼びかけに対する応答を可能にする力ともなるのだ。自由に、あらたな意味を生み出すマルチチュードを窒息させず、したがって正義にかなう社会的意味を生み出す源泉となる構成的権力を保証するためには何が必要であろうか、というのが次の問いとなる。もちろんその処方箋を描くことは筆者の手に余るものであるが、次章では、「意味の自由」という概念でそのことについて考えてみたい。それは、自律した個々人による意図の交換活動として言語活動を捉えることをやめること、さらに言語活動のなかで、偶然的に、予測不可能なかたちで、不意打ち的に出現する、さまざまな「意味」を生み出す主体として自律した個人を捉えることをやめること、そしてそれらの意味そのものが、独自の「行為体」としてふるまう可能性をひらこうとするものである。

注

1 たとえばバフチン(1989)、ラクラウ&ムフ(1992)を参照。

2 そのような差別的視線の正当化に手を貸してきた医学者の責任を問うものとして、津田(2004)がある。

3 ソシュール(1972)およびパース(1985, 1986)参照。

4 フーコーの権力論については、たとえば関(2001)を参照。

5 グラムシの著作は、グラムシ(1978, 1994, 1999)、フォーガチ編(1995)を参照。

6 モーリス=スズキ(2004b)が引用するベンジャミン・バーバー(Benjamin R. Barber)による表現(出典箇所不明)。バーバー(2004)は、イラク侵攻を強行したブッシュ大統領の「予防戦争」論理に対して、「予防民主主義」という概念を提唱して「民主主義」概念を拡張している。予防民主主義の長所は、「恐怖の帝国から抜け出し、恐怖に恐怖で対抗するのではなく、他の場所でテロからの防衛を追及すること」(148)とされる。ここでの他の場所とは、ひとが個人として、あるいは特定の地域社会や国家の一員として相互に依存する、「市民にふさわしい、文明化された一つの市民世界」(206)である。バーバーによれば、「予防民主主義によると、アメリカが(そして世界中の国々が)政治的混乱やテロリズムや暴力から長期的に自国を防衛する唯一の手段は、民主主義そのものである」(139)とされる。「消費者」の論理と「市民」の論理との違いを、「〈私〉という考え方と〈私たち〉という考え方との違いであり、つまり私的な考え方と公的な考え方との違い、消費者と市民の論理の違い」として捉え、「民主主義の価値は、〈私たち〉を〈私〉より優先し、市民の論理を消費者の論理より優先する点にある」と明快に定義している。さらに、「予防民主主義は、……人びとの考え方に直接働きかける。テロリズムが欧米を敵視し、偽善と傲慢とみなすものにたいする攻撃能力を培うのを、予防民主主義はやめさせる。本物の民主主義は無力な人びとに力を与えるため、テロリズムの自爆戦術からは得られないものが与えられる。それは、みずからの運命をコントロールする能力である」(199傍点菊池)とされる。予防民主主義が実現されるための前提としては、「読みながら解釈する」という実践が可能となるような、支配的な社会的意味を日常的言語実践のなかで可能な空間がひらかれていなければならないであろう。

7 たとえば、F・ファノン(1996)、同(1998)参照。

8 こうした最高裁の立場は、現代の判決にも受け継がれている。たとえば、『週刊文春』の記事によって名誉を傷つけられたとして黒川紀章氏が損害賠償を求めた上告審判決(最高裁第三小法廷、二〇〇四年六月二二日)でも、この五六年の最高裁大法廷判決を踏襲し、文春側の上告を退け、文藝春秋社側に六百万円の支払いおよび同誌への謝罪広告掲載を命じた二審・東京高裁判決が確定している。

9 たとえば、西原（2003）、高橋（2004）他参照。

10 一九九七年五月二四日、神戸市須磨区で小学六年の男児が行方不明となり、二七日に市立中学校正門前で切断された頭部が発見される。約一ヵ月後の六月二八日に、当時中学三年の男子生徒（一四歳）が逮捕された。当時「少年A」と呼ばれた中学生は、その犯行声明文から「酒鬼薔薇聖斗」と名乗っていることが報道され、以後この呼び方が喚起するイメージが固まる。二〇〇四年三月、医療少年院を仮退院。ただこの事件は、後藤（2005）が論じているように、冤罪ではないかとの疑問は残されたままになっている。事件当時は、一四歳の心の闇といった表現が頻繁に用いられ、NHKも『一四歳・心の風景』といった番組を制作している。そんな社会的風潮のなか、一九九八年一月一八日、栃木県黒磯市の中学校の男子生徒（一三歳）が、授業中に教諭を刺殺する事件が起きる。二〇〇〇年五月三日、福岡県で高速バスが乗っ取られ、乗客の女性が刺殺される。逮捕された無職少年（一七歳）は、神戸事件当時は一四歳であったことからも、「心の闇」といった表現は社会的意味を獲得したかにみえる。その後、二〇〇四年四月二七日、長崎市内の複合商業施設で三歳の男児が連れ去られ殺害したとして、逮捕された中学一年の男子生徒は一二歳、同年六月一日に起きたカッターナイフによる級友刺殺事件で逮捕されたのが小学六年生と、年齢は低下していくが、心の闇とインターネットを結びつける議論が特徴的となる。

11 『朝日新聞』二〇〇四年七月二三日付。

第三章　意味の自由

〈意味の自由〉

憲法によって表現の自由を保障される主体は、言うまでもなく人間である。それに対して、「意味の自由」という概念を構想する場合、その行為主体は、人間ではない。したがってそれは、現行憲法で保障されている表現の自由概念とも異なる。しかしそれは必ずしも、主体としての人間に保障される言論表現の自由とは密接な関係がない、とは言えないものでもある。むしろ、意味の自由という自由概念は、表現の自由を必要とするものであると同時に、その自由概念を拡張するものであると考えられる。

「行為体としての作品」、あるいはその作品の生み出す「意味の自由」といった概念を立ち上げるためには、当該作品の「作者」というものが存在し、その作者が当該作品の生死にかかわるあらゆる権限を有するという思考を脱する必要がある。それは芸術作品のようなものにかぎらず、日常的言語活動における一般的な意味での「表現」にも言いうる。作品や表現の、未来にわたるすべての権限を有するのは作者であるとする、いわゆる「著作権者」的な関係性の枠内では捉えきれない、行為体としての当該作品（あるいは表現）そのものに、新しい権利を認めなければならない。現行法で規定される「著作権」という権利概念の枠内で考えるかぎり、作者の存在はその前提条件として、絶対的存在となっている。著作からあがる利益が侵害されるといった意味での著作権侵害は、「〈展示するチャンス〉＝〈表現の自由〉」（奥平 2003:146）を奪われてはならないというような、行為体そのものとしての著作それ自体の有する表現の自由の権利侵害とは直接的な関係はない。著作権において重要なのは、作者の経済的利益が侵害されたか否かという問題である。[1]

もちろん、こうした論理に対しては、即座につぎのような疑問が呈されるだろう。どのような著作においても、すなわち、人種的憎悪に満ちた著作や憎悪表現、差別的視線の強い文芸作品や差別的発言、猥褻性の濃厚な映像、実存する個人の名誉毀損の可能性を含む文書などといったものにも、行為体としての表現の自由を認めるべきかどうか、と。このような問題は、人間を行為主体として想定する表現の自由の法理において、解決が難しいものになっている。たとえば、アメリカにおける憎悪表現の法的規制が立法化されにくいのは、特定の表現を憎悪表現であるとして処罰の対象とする場合、当該表現の内容の是非を判断することが求められるわけであるが、修正第一条に文字通り従えば、法は内容に中立の立場をとることが現段階の法理論においてはベストだと考えられているからである（菊池 2001）。日本でも、差別的表現を法的に規制することは、同様の考え方からより慎重であるべきだとの考え方が優勢であるようだが（市川 2003）、禁止する範囲を限定すればという条件付きで認められるとする説もある（内野 1990）。

一方、「意味の自由」といった概念を立ち上げることによって、このような問題に新たな解決の糸口が与えられるであろうか。後述するように、意味の自由概念は、まず第一に、作者の意図が作品に込められているという、すなわち作品における特定の意味が作品のなかに埋め込まれているという解釈を、戦略的に否定する。差別表現に関して言えば、ある表現が人を差別する力を持つか否かは、作者によって作品に込められた意味そのものに力があるからではなくて、逆に、作品を受容する側の人びとがある表現に差別する力を見出すからである。表現に差別的意味を込めていないので差別表現ではないとする作者の主張は、意味の自由圏内では成り立たない。そもそも言語活動とは、一人では成り立たないものである。ひとりの人間がある表現に差別的意図を込めた（込めていない）などといくら主張しても、それは差別する（しない）力とはなりえないのである。

意味の自由概念は、第二に、表現を作り上げることも含む言語活動を、話し手書き手の意図を伝えるコミュニケーション行為に特化してしまう、現在ひろく受け入れられている言語観を否定するものである。言語活動とは、人びとが共同で行うもの、すなわち協働でしかあり得ない。また人びとは、誰もがそのような言語能力を有している。人びとの共通財としての言語能力こそ、意味の闘争を可能にするものである。そして言語活動とは、永遠につづく意味の闘争でもある。本来ことばの意味は、たとえば差別的意味としてある表現のなかに永久に固定化されないはずだが、それにもかかわらずそうなっているようにみえるのは、意味の闘争において、また何らかの事情によって、差別的意味を伝える言説が勝利しているからである。本来的には、意味は、そのような固定化権力から自由な存在でなければならない。

このように考えると、たとえば人間を行為主体とする表現の自由の法理によって、差別的表現や憎悪表現を法的に禁止できるかどうかという問題は、つぎのような観点から考察可能となる。まず、意味の自由概念は、行為主体としての人間によって行使されるものではないから、行為主体を処罰するといった実定法にはなじまない。立法化によって保障されるものではない点において、憲法によって保障されている表現の自由とは位相を異にする。現に名誉毀損的表現や猥褻表現が、表現の自由を保護されないとして実質的に規制されているが、それは、表現の自由概念によって保護されるものであるかどうかは、国家によってそれに値するものかどうかの判断が恣意的に下されることを意味する。それに対して、意味の自由は絶対的なものであり、国家の承認とは無関係なものとして構想される。意味の自由を侵害するものは個々人の行為ではなくて、作者、作者の意図、作者の意図の伝達行為としての言語活動といった、私たちのこころのなかに潜むそれらをめぐる固定観念であり、したがってまずもっては、そうした言語観を修正する必要がある。また意味の自由が抑圧されるのは、特定の言説による権威のみが一方的に強い状態が、何ものかによって維持されているからである。したがって、特定の言説の権威性を生み出す、それを維持するメカニズムを明らかにすることが必要となる。その場合、議会制民主主義において正当なものとされる実定法でさえ、そうした暴力装置として働く場合があることも暴露されなければならない。現実に猥褻表現や名誉毀損的表現が処罰される一方で、憎悪表現のほとんどは処罰されないといった一貫性のなさゆえに批判される国家権力行使にまつわる問題は、表現の自由論において着地点をみいだいすことは永遠にできないであろう。逆に、人間を主体としない意味の自由といったものを構想することは、特定の表現が差別的な力を有するのは、その力を生み出すと同時にそれを維持するさまざまな暴力装置が存在することを明らかにし、現今の表現の自由概念をさらに拡張することによって、国家言語である法をより正義にかなったものにしていくことを可能にすると考えられる。

意味の自由といった捉え方は、近年私たちの社会で目立つようになっている、特定の言論を管理しようという不気味な動きにどのように対抗していくかという問題について考える際にも役立つ視点を与えてくれるように思う。たとえば、自民党が放送法の「政治的公平条項」を削除し、特定の政治的立場にある放送局が新規参入できることを認める方向で同法改正の検討を始めたことが報じられた（『毎日新聞』2004/7/20）。メディアの政治的公平性を否定するこうした方針は、一見、意味の自由概念にとっては好ましいものであるようにみえるかもしれない。しかし、意味の自由概念は、特定の個人や組織が、嘘であれ何であれ、あらゆることが表現可能であるというような概念ではない。自民党の狙いは、むしろ言論の管理・統制にあると推測されるが、すでにその経緯があきらかになる伏線はあった。

二〇〇三年九月にテレビ朝日が放送した「ＴＶタックル」において、自民党総裁選に立候補した藤井孝男元運輸省が、拉致問題に関する野党の質問に対して野次を飛ばしているかのような映像を流したことで、藤井氏側から抗議を受けて問題となったことがあった。しかし問題の野次は、実際には別の質問に対する野次であったことが放送法に抵触するということで、二〇〇四年六月二十二日になって、総務省がテレビ朝日に対して文書で厳重注意し、再発防止策をとるよう行政指導したという（『朝日新聞』2004/6/23）。実は総務省は、総選挙が行われた二〇〇三年十一月にも、同じテレビ朝日の「ニュースステーション」において放送された民主党の閣僚名簿に基づく特集についても、政治的な公平性について配慮が欠けたと指摘している。また自民党では、九月の総裁選や十一月の衆院選に対する報道への不満から、党幹部が特定局の番組に出演拒否するといったこともあった。こうした経緯からみえてくるのは、放送における言論を直接統制することは困難であるとの認識から、逆に、特定のすなわちここでは自民党の意向を積極的に放送する専用チャンネルのようなものを設けて、言論を誘導するという方針転換である。[2]そのためには、放送法の政治的中立原則が邪魔になるのである。しかし、これは、イラク侵攻を正当化する雰囲気を作り上げたアメリカのＦＯＸテレビの例にもみられるように、権力と財力に富むものがメディアを支配することによっていとも簡単に好ましい「世論」をつくりだせることを意味する。それは、権力と財力によって、それに反対する言論をわきに押しやるものであり、完全に意味の自由を否定するものである。

しかし、こうした問題は、あらゆる表現は表現である限り規制されないとする立場の表現の自由概念のなかでは、対抗理論の構築は苦戦を強いられる。それは、結社の自由および自らの政治的意見を表明する表現の自由の保障がなされているかぎり、認めざるをえないものだからである。ただ放送法の問題に限って言えば、特定の放送が可能となるのは特定の周波数帯を占有することが必要であり、そうした条件に縛られない個々人の言論表現の場合とは異なり、放送の中立性を法によって守ることは正当化されるはずだ。放送のための電波はその使用可能周波数が限られることから、現実に、誰もが自由に使用できないのであり、そこに何らかの法が求められるとするのは正義にかなったものである。特定の放送を許可するかどうかは、そのような意味で政治的決断によるからである。[3]

福岡市教育委員会が各小学校に要請した愛国心の評価も、意味の自由を侵害すると捉えられる事例のひとつである。同教育委員会が採用を決めた二〇〇二年度の小学校用通知表の社会科部分には、「愛国心」の学習状況とその評価を三段階で記入するようになっているという。[4] 社会科における四つの評価項目のうち、「我が国の歴史や伝統を大切にし国を愛する心情をもつとともに、平和を願う世界の中の日本人としての自覚をもとうとする。」という項目が最初に掲げられている。李（2003）によれば、福岡市教委が成績表において「国を愛する心情」を評価することの根拠として主張するのが、学習指導要領に従った小学校六年の社会科の指導目標として掲げられる「国家・社会の発展に大きな働きをした先人の業績や優れた文化遺産について興味・関心と理解を深めるようにするとともに、我が国の歴史や伝統を大切にし、国を愛する心情を育てるようにする」といった文言である。もちろんこうした指導目標は、「我が国の国旗と国家の意義を理解させ、これを尊重する態度を育てる」（『小学校学習指導要領』平成一〇年一二月版 社会第六学年 30）といった、小学校社会科に関する学習指導要領の表現と連動したものであろう。

福岡市教委による学習指導要領を正当化の根拠とする愛国心の評価においては、「国を愛する心情」を、

A「十分に満足できる」、B「おおむね満足できる」、C「努力を要する」という三段階で評価するものであるという（李 2003:258）。それにしても、何を根拠にして愛国心の三段階での「客観的」評価が可能であるというのだろう。算数や漢字の書き取りといった、ある程度の「客観性」を測るための試験などを実施することが不可能な項目は、きわめて主観的なものにならざるを得ないであろう。客観性のみならず、そもそも愛国心といったものを教えるとか評価することが良心の自由を侵害すると考える教師にとっては、まさに「愛国心の踏絵」（西原 2003:31）を強いられことでもある。

かりにこれら三段階評価が可能であるとする前提として、評価基準が明確であるかどうかという点はさて置いても、そもそも「国を愛する心情」という表現内容が明確でなければならない。もちろんこの通知表の採用を決めた市教委メンバーの当事者たちは、ある種明確な意味を認識していたであろう。彼らが、国家の象徴としての国旗を敬い、国歌とされた君が代を適切な声量で斉唱することといった、目に見える行為はそのような意味を具現化したものと捉えていたと察するのは間違いではないだろう。しかし、たとえば一九九九年に国旗・国歌法が法案として国会で審議されていたときに、強制というかたちで良心の自由を侵害するのではないかという声に対して、政府側の答弁として、強制はしないということを「約束」することで可決した経緯がある。強制に対する危惧の源泉は、この「国を愛する心情」、すなわち「愛国心」というものの意味が一方的に決定され、その意味を「生きる」ことを強制されてしまうところにある。

意味の自由という視点からみれば、それは意味の自由の侵害、ないしは剥奪という事態に相当する。

国旗・国家法制定時の議論のなかでかろうじて許されていた意味の自由領域、すなわち、「国を愛する心情」という表現に込められた意図をめぐる意味の闘争が可能であった領域は、ことごとく狭められようとしている。一旦法として成立すると、法が明文化していないそのようなさまざまな意図も、愛国心の涵養を強く願う人びとの意図へと固定化させる根拠となり、そのような人びとの一部からは政府側の答弁自体が誤りだったなどとする強弁を吐く者さえ出てきている。

同じような関係性のなかで意味の自由が侵害されたケースに、富山県立近代美術館における「天皇コラージュ」訴訟事件がある。[5] これは、一九八六年三月富山県立近代美術館主催の「'86富山の美術」展で展示された『遠近を抱えて』と題する大浦信行氏の作品が、数十日後に富山県議二名によって「不快だ」と非難されたことがきっかけとなり、右翼団体が抗議運動を組織して大騒ぎになった事件である。富山県側の対応はすばやく、当該作品を館外に売り払い、展覧会の図録も償却してしまったという。こうした県側の非公開措置の当否をめぐって争われた訴訟の第一審における富山地裁は、作品の特別閲覧を求めてその申請を却下された市民に裁判で争う法的地位を認めた。その上で、非公開措置が違法であり、それによる原告らに対する権利侵害があったとして、県側に対して損害賠償の支払いを命じた（一九九八年一二月一六日）。ところが、名古屋高裁金沢支部における第二審では、作品内容を好ましくないと思う観覧者による秩序違反行為発生のおそれがあったとして、非公開措置は適切であるとして県側の主張に沿う判決が下された（二〇〇〇年二月一六日）。

この訴訟事件に関するエッセイのなかで、憲法学者奥平康弘氏は、ある意味で、「作品の自由」と呼びうる、作品そのものが行為体として機能しうる自由を認めている。大浦作品は、富山県議一名によって、「〈不快だ〉として〈展示するチャンス〉＝〈表現の自由〉を奪われた作品」（奥平 2003:146）であるとのみかたである。表現の自由の行使を、当事者としての人間ではなくて、作品そのものを一人格であるかのごとく捉えることによって、作品それ自体がひとつの行為体として想定することが可能になるのである。この奥平氏の言う「表現の自由を奪われた作品」といった概念は、当該作品をめぐる解釈論争において現われるさまざまな意味を、解釈者の都合で勝手に固定化することは許されないということを含みうる。すなわち解釈のプロセスにおいては、さまざまな人びとがさまざまに解釈する自由のみならず、そのなかで生まれたさまざまな意味自体が、自由な解釈行為の当事者としての人間とはかかわりなく、保障されるという視点を引き出せるのではないだろうか。それは、さまざまな意味が、それ自体ある種の行為体でもあるかのような存在として認められることを意味する。

もっとも「愛国心」通知表問題とは異なり、「天皇コラージュ」訴訟事件における大浦作品の展示を望まない人びとが、その正当化の根拠として用いることのできる実定法は存在しなかった。しかし、少なくとも法案の段階で国会審議の記録が残されることでかろうじて検証が可能になる実定法の場合とは異なり、その制定のプロセスもその支持者の素顔もみえないが、しかし同時にある種の「法的なもの」として存在する何かが、大浦作品の展示を望まない人びとの正当化の源泉となっている。奥平氏の表現をかりれば、表現の自由の牽制形式が、当該表現の内容を国家権力が直接禁止するかたちでの、「表現内容を直撃するものであるという意味においても直球型であった」ものから、時代の気分に支配されて人びとが事前抑制的なかたちでなされるという、「体制内化」(139) という現象となって言動規制が働くようになっているのである。人びとがこころのなかで、みずから進んでおこなう、いわば「自発的」規制とでも呼ばなければならない現象である。特定の支配的意味に屈服する事前抑制的・自発的規制が「体制内化」するという状況においては、当事者としての人間は、あらかじめ表現の自由を支配体制側に譲渡してしまっていることになる。

主体・著者・作者の意図

いずれにせよ、意味の自由といったことを考える場合、第一に、主体とか著者、あるいはそうした作者のもつとされる「意図」を、一旦戦略的に否定する思考を展開する必要がある。このような戦略は、脱構築の実践が目指しているものでもあるが、こうした試みの正当性がどこにあるのかを考えれば、意味の自由という概念の目指すところがもう少し明確になるだろう。

たとえば、日々印刷される新聞をみてみよう。(新聞によっては署名記事が増えてきているようにみえるが) 日本の新聞記事の多くは、無署名で書かれる。それでも読者は、それが新聞記者によって書かれたものであることを了解している。また編集の段階ではさらにデスクのチェックが入り、一種の「検閲」作業が入り込んでいることも知っている。もちろん記事が一記者個人による原稿そのままではないとしても、いずれにせよ原稿そのものを書いたのは人間であり、また記事内容の最終的責任が新聞社という組織にあるとはいっても、書いた主体と書かれた記事という直線的関係性は、自明のものとして捉えられている。

作者が署名したという前提で出版される小説のようなものにもまったく同じ関係性がみられる。小説の文言は作者がすべて全責任を負うものであるとされている。しかし実際には、作品中の文言そのものやカバー原稿に対して、第一の読者である編集者の手が入るものであるし、印刷の段階におけるレイアウト、表紙、あるいは小見出しの必要性の有無などに関してさまざまな人間の意向が反映されて、最終版が完成されるのである。程度の差はあっても、新聞記事も小説も、そしてその中間にあるようなあらゆる「表現」は、多かれ少なかれ一作者独自のものではないことは簡単に理解できよう。しかし、にもかかわらず、こうした状況は通常はほとんど無視されている。それは、編集者や装丁者の地位が異様なまでに低い現状として、またそれと表裏一体のものとしての過大な作者信仰となって現れている。ちなみにこのような作者信仰は、おそらく著作権信仰によって支えられているものであるように思う。同時にそれは、経済的利益を追求する作者という作者像をつくりあげることになり、不必要に作者の尊厳を傷つける思想でもある。

脱構築的実践のさらに深部においては、特定のことばに特定の意味をもたせるような、ことばを組み立てる作者の絶対的地位の解体をめざす。それは、作者のオリジナルとしてのことばの組み立て行為、そしてそのような独自の行為によって完成されたものとしての作品という考え方を一旦捨てることでもある。まったく同じ表現をそのまま剽窃するような行為は別としても、ノーベル文学賞を受賞した「大作家」の作品と言えども、ほんとうの意味ですべて新たに生み出されたまったくオリジナルな表現などというものは、ほんとうにほんのわずかでしかないのではないか。ことばを用いるということは、かならずや過去に、だれかがどこかで使用した、あるいはかなり長きにわたって使用されてきたものがほとんどなのではないか。模倣であり、繰り返しの効果があってこそ、そもそもことばは意味を伝えうるのではないか。こうしたことに思いをめぐらすと、大作家と無名の人びととのあいだに設けられた、オリジナリティ創生への権限の不平等な分配にまで意識が飛躍することになるだろう。

さらに、そもそもことばに意味をもたせることができるのは、著作権法でアイデンティティを保障されている意味での作者なのだろうかという当然の疑問が浮かぶ。M・フーコーやJ・デリダ、R・バルトなどによる、作者への死の宣告を試みた研究も数多い。彼らの試みた哲学的言説の検討についての研究書もこれまた数多く出版されてきているいま、ここで改めてそれを繰り返すことはしないが、より日常的実践のレベルでのことばの使用について反省してみるだけでよい。私たちの用いることばの意味には、歴史的（に連綿と使われてきた）意味、伝統的（にある共同体で守られてきた）意味、共時的（な文脈である社会で支持されている）意味、社会言語学・語用論的（に正しいとされている）意味、またそれに反する使い方をすると何らかの社会的制裁が加えられるような規範的意味などなど、一人格によるまったくオリジナルで独創的な意味というよりも、むしろ社会集団の一成員としてある特定の既存の目録のなかから選択・組み合わせするような意味がほとんどではないか。

もちろん、すでに確定された語彙目録から何を選び、またどれをどのようにつなげるかによって、それぞれ独自の表現が生まれると考えることは可能である。その新たな連結から、新たな意味が生まれ、また新たな読みを可能にするからである。それは、いわゆる「作者」の意図的選択によるものであればなおのこと、その独創性は評価されるであろう。しかし、じつはことばの使用という場合、それは作者ひとりだけでは成り立たない営みであることを忘れてはならない。

言説編成は、読者の存在なしには完了しえないのである。独白でさえ、もうひとりの仮想的自分を想定することで、はじめて成り立つものである。また読者および聞き手は、作者に対していつでも従順であるとは限らない。作者の意図どおりの意味を、まったくその通りに読み取ったり聞き取ったりできる、作者の有する権力に従順な読者という関係性が保たれている場合、読者が冒険的な読み、作者の意図に抗う読みといったものは許容されえない。しかし実際には、読者および聞き手の読み方聞き方の作法まで、作者が制御することは不可能である。読者もまた、つねに作者の意図どおりに振舞う必要はない。しかし、同時に、読者も、つねに独自の読みを許さないあらゆる統制を逃れて、すなわち、作者の意図どおりの意味ではなく独自のオリジナルな意味を構成しながら読むことは、実際には思ったよりも難しい。特定の意味の強制を逃れてものを書いたり話したりすることが困難であるだけではなくて、特定の社会的意味から自由な思考を展開しながら読んだり聞いたりすることが困難なほど、私たちは支配的な社会的意味から自由になれないのである。

憲法で保障された表現の自由という枠組み設定においては、このような問題圏は守備範囲から外されていると言えるだろう。作品や表現が解釈されるときに生まれる「意味の自由」といった概念を立ち上げ、表現の自由概念の拡張を促すためには、どうしても著者＝作者という人間主体中心の権利保障を考えることを、戦略的にではあれ一旦停止する必要がある。しかしそれは、最終的には、憲法で保障される表現の自由の範囲を広げることにつながるものであると考えられる。その際、その作品の生み出された背景や目的に対する賛否両論を、できるだけ公開されることが可能となる前提として、表現の自由がますます重要になることはもちろんである。

法人的個人の要請と匿名化

作品や表現の「意味の自由」が成り立つための条件として、一人の作者およびその作者の有する著作権という思考を一旦停止する必要があることは上述の通りであるが、しかし、作品が意味の自由を有するとは言っても、作品と呼ばれるものを形成する、何らかの主体的な存在は認める必要があろう。いわば、一種の擬制的な仮の主体である。ここでは、モーリス＝スズキ（2004a）の描く、「法人」的な「架空の個人」という主体像で説明してみたい。

私たちになじみのある法人としては、学校法人、宗教法人、財団法人、そして企業法人などといったものがある。学校、宗教団体、財団、および企業体そのものは、もちろん組織であり、たとえそれらが人間集団によって構成されているものとは言え、独立した人格として扱うことはできないのは明らかである。しかし、この法人というものは、まさに架空の個人として振舞うことが可能なシステムなのである。それは、資本主義経済のもとでは、財産を所有することが認められまた望むとあらばそれを取引することを可能とする、実存的個人ではないが、そのような「個人のようなもの」として機能する存在なのである。

そしてこの「フィクション的存在」としての法人は、「（人間と異なり）〈不滅〉であると認識する」に至り、やがて「寿命なき会社の永久的〈株式〉という概念」(42)の成立が促されるようになるというのである。これによって、「まだ実現しない利潤のために資本を募る、すなわち資本を集める原動力と」して「未来を売る」ことが可能となるのである。「〈法人〉としての株式会社の発明は人々が未来を担保することを可能とした。未来にあるだろう利益の約束が、現在時における資本を創造する」(42)という分析は、こうして真実味を帯びて実感される。

そして私たちはすでに、法人がそのようなものとして機能することにあまりにも慣れてしまっている。もちろん、企業法人とは言え、その経営執行責任者は一個人として存在するし、経営責任を負う複数の幹部も、ひとりひとりとしてはそれぞれ、やはり一個人として存在してはいる。実際にそうした幹部の誰かがその責任を問われることもあるように、表面上は個人の法的責任の所在が明らかになる方法は残されてはいる。[6] しかし、この法人というのは、まさにフィクション的存在であるということから、個人を特別背任罪で問うことを難しくするような、マイクロレベルにおける、責任の所在をことごとく曖昧化するシステムとしても機能する存在であるのも事実である。

すでに私たちは、水俣病認定に際しての企業責任の希薄化、薬害エイズ訴訟における厚生省の責任転嫁の構造、「癩予防法」から「らい予防法」への改正に至るハンセン病隔離強化にみられる「治安法」(藤野 2003)的意志の存在、カネミ油症問題の自然消滅を待つ国の歴史健忘症など、過去に大きな社会問題となった事件にみられる責任主体の曖昧化は、一体誰に責任を問うべきかといった基本的な戦略を無化するうえで多大な威力を発揮するのを何度も見せつけられてきているのは、ここで改めて指摘するまでもないだろう。それは、ほんとうに、やるせなさ、政治的無力感を生み出すことにどれほど貢献してきたものか。司法に正義はないといったつぶやきは、およそあらゆる差別的事件訴訟において敗訴した犠牲者によって、いたるところで何度も何度もささやかれてきたものである。

一方で、司法の場にもち込まれることのないさまざまな日常的実践においても、責任の所在を曖昧にする法人的機能は十分すぎるくらい働いていると言わねばならない。およそあらゆる「組織」なり「集団」と呼びうるものは、程度の差はあれ、個々人の責任を曖昧にするシステムとして機能する。例えば、入学式および卒業式における日の丸の正面壇上への掲揚強制、君が代斉唱を行わなかった教員の処分、そして君が代斉唱時に起立しなかった生徒のクラス担任への「指導」といった東京都教育委員会の一連の行為は、おそらく近年のそうした事例のなかでも、もっとも暴力性の目立つもののひとつであろう。他の都道府県の教育委員会の姿勢と比べても、東京都のそれは突出しているとの報道もある。[7] 少なくとも都教委の行為が憲法違反であると感じる人びとにとっては、それはあきらかに良心の自由を侵害するものに映るのだが、憲法で保障されているにもかかわらず強行する姿勢は、多くの人びとにとってはある種の政治的無力感を生み出す要因となっている。かりに後日これら一連の行為が憲法違反であるとされた場合でも、知事や教育長をはじめ直接かかわった者たちが、そのときに自己の責任を認めることはないであろう。なぜならば、そうした行為は、集団的組織としての東京都なり東京都教育委員会のやったことであり、たとえば知事や教育長がその固有名においてみずからの責任を問われることはありそうにもないからである。

メディアとしての新聞もこうした構造のなかで成り立っている。前にも触れたように、日本の新聞は、まだまだ署名記事は少ない。もっともすべての記事を署名記事にすることは得策でない。とくに国家権力の不正をあばく場合など、取材にかかわる特定の記者を可能な限り守り通すことで国民に知らせるといったような場合、一時的にそれらの記事が匿名で書かれることはあってよいだろう。しかしあらゆる記事が匿名である必要はない。デリダの表現を借りれば、署名行為における署名は、もちろん「偽造」であるが、署名するとき、それを偽造した個人として、その説明責任を果たすという、署名者の倫理的義務があるはずだ。

しかし、そのような倫理的義務を放棄させる力が存在する。たとえば署名者の責任の所在を曖昧化することに寄与するものとして、「伝統」といったものの実践化が考えられる。上述の都教委による日の丸の掲揚および君が代斉唱の強制的指導は、日本人としての誇りとか愛国心とかの、失われてしまった日本独自の「伝統」を復活させようとする試みであるとされる。新聞報道にもみられるとおり、ほとんどの記事では、通達を出すのも、処分を下すのも、そして「指導」するのも、その主語はすべて教育委員会となっている。そしてそうした都教委の姿勢を批判的に報ずる記事のなかに、個人名を付記した教育長、あるいは個人名が特定できないまでも都職員といったかたちで、その行為遂行の主体としてかろうじて人間が登場するにすぎない。

ただ表現行為における匿名化への過度の志向性は、このような大きな政治的争点として顕在化する問題にのみみられるものではない。私たちは、日常的表現行為において、あたかも自己を匿名化するように、特定の集団や組織を主語として用いる言語使用法に慣れきっている。日本は、アメリカは、イスラム教徒は、テロリストはといった主語を立てるイラク侵攻をめぐる議論、あるいは都市労働者は、サラリーマンは、農民は、子供たちは、女子中高生はといったかたちでの社会的集団の集約的意見やその政治的主張の抽出、はたまた世間は、世論はという主語をたてた、より漠然としてはいるが同時に極めて強力な構成的権力を背景にした政治的政策の強行といった表現行為の数々。

「わたし」という一人称主語をたてて自己を全面的に押し出す表現は、少なくとも現代日本においては、営利目的の集団内における場合はもとより、市民団体のミーティングにおいても、あるいはより一人称がふさわしいと思われる学校作文においても、あまり歓迎されない傾向があるのではないか。現代日本では、一人称主語を前面に出した表現行為は、わがままで、自己中心的で、集団内の平和的ハーモニーを破壊するものとしてしか存在できないかのようではないか。

たとえば学校で書かされる作文のひとつに、「わたしの夢」というのがある。それこそ幼稚園でも小学校でも、そして中学においても求められる文章だ。これは、「将来何になりたいか」という設問によって、子供たちの思考パターンを社会的に認知された職業名をあげることに誘導してしまうという問題があるのだが、将来何になりたいのかというある種の未来を語る言説が、すべて一定の職業名でしか語れないというのは、それだけ子供たちの思考様式が一元的に囲い込まれてしまっていることの証明ともなろう。なぜ自分の未来は、特定のしかもきわめて限られた数の職業名でしか語れないのか。あるいはそうした職業名を挙げることが未来を語ることなのだという思考で子供たちを囲い込んでいくものは何なのだろうか。

私たちは大人になってからも、しばしば自分の「夢」や「未来」を思い描く。もちろん私たちは、夢の実現も望ましい未来の到来も、ことばを通してそれを語り、思い描き、またそれはあり得ないこととして幻滅し、忘れ、また日常に戻ったりする。未来の語りは、こうして、楽しいものばかりではもちろんない。実現を夢想するときの希望が込められた語りは、未来の語りのひとつの側面にすぎないが、それではそうした語りは何を根拠に希望が見出されるものとなっているのだろうか。

それは、ことばによって未来を語るとき、その実現可能だという希望を感じさせる未来を担保するものは何か、と言い換えてもよいかもしれない。子供たちに人気のある職業などという言い回しは、子供たちの未来を語る表現とその意味を一対一の関係性で固定してしまっている。そのような表現によって担保される未来は、まず特定の職業につくこと、それは社会的に認知された職業であること、さらに成長の過程はその望ましい職業に就くことを目指す準備期間であること、そしてそうしたプロセスから外れてしまうことは社会的存在であることを否定されることであるとする社会的意味によって構成されているのである。

こうした匿名化と未来の担保との関係性は、「法人」の誕生と、それによって生まれた株式会社の「未来」に期待し投資することによって、「未来にあるだろう利益の追求が、現在時における資本を創造する」関係とパラレルであることが理解されよう。このような関係性を生み出す力は、もともとは言語そのものに備わっているものかもしれない。

未来を語ることばは匿名化を志向し、またその未来を担保するのは、匿名の人びとによって社会的に認知された職業およびそれに就くことが社会的存在として認知される条件であることを伝える、支配的な社会的意味の存在である。このように考えると、そこで担保される未来を語ることばがもつ社会的意味が、あまりに狭く限定され、一人称の主体は、そのきわめて限られた選択肢から選ぶことしか許されないという状況がみえてくる。そこでは、ちょうど株式会社の夢はその資本の拡大の保証に担保されているように、子供たちの語る夢も、ある意味で「拡大」の保証が前提にある。より強く、より富める、より一貫性のある生の追求である。そこでは、そのような意味での拡大の保証そのものを疑問視する、オルタナティヴな「未来」に存在の余地は与えられない。

著者作者を戦略的に否定することが求められるのは、行為主体として自らの言説に責任を持つことを逃れることが目的ではない。むしろ、市民的自由を侵害するような言説をいかにも普遍的であるかのように押し付けるような著者作者の勢いを正当化することに対して、疑問符を付すことがその目的である。かの著者作者が言説に影響力を持たせることに成功しているかにみえる、原理的にはその脆弱な構造を明らかにする試みなのである。

このことは、法の作者が誰なのかをめぐる考察にも有効であろう。この場合の法は、成文法のみならず、日常的実践を支配するしきたり、伝統、権力を有する言説といった、一種の約束事のようなものも含めて考えなければならない。

組織や集団を、あたかも法人的個人とでも呼べる、一種の擬制的主体として立ち上げることによって、本来の行為主体である、一人格の行為であることを隠蔽することが可能となる。そしてそれを支えるのは、規範的強制力を有する法としての、実定法であり、また慣習法である。昨今では、その慣習法の延長線上に、「世論」も付け加わった。しかし、どのような種類の法であれ、つねに「法の外」に置かれる人びとがいる。一共同体であれ、一国家であれ、あるいはひとつの家族共同体であれ、ひとつの職場集団であれ組合であれ、およそ集団内部にその存在が認められるあらゆる法には、つねにその法の適用外として最初から排除されている人びとがいる。むしろ、法とはそのようなものであるから、法の内にあると認められた人びとにしか適用されない。また法とはそのようなものとしてしか存在しない。それは法のもつ暴力の起源が隠蔽されている状況である。そして、この法の起源の隠蔽化と、責任の所在の曖昧化はじつに相性がよいと言わねばならない。

さらに、特定の社会的意味が正当化される過程と、その当該表現の（擬似）正当性を根拠に特定の言説を振り回す行為主体が、つねにその責任の所在を曖昧化できる隙間、すなわちいつでも逃げ込める逃避空間を残して権力を行使していることを指摘しておかなければならない。というよりも、そのような空間の存在が、そうした権力の基盤となっているのである。

また、著者作者の否定と同時に、意味の自由を解放するためには、発話者自身を発話遂行権力の所有者として捉えることを放棄しなければならない。発話によって生み出される権力作用を利用して、言語を用いることによってある目的を遂行したり、また逆に、そうした権力作用に服従せざるをえない立場に人びとを追い込んだりするときの、その権力の源泉を、発話者個人ではなくて、ほかの場所に見出す必要があるということである。ここでの権力というのは、たとえば、「特権的規範を生産しかつ維持し続ける制度的機制に組み込まれている一連の抑圧力」（Shapiro ed., 1984:10）とでも言えるものである。

「連帯」と「形式」

著者・作者の意図を戦略的に否定する必要性と、法人的性格の個人による意図の隠蔽化との闘いは、同時進行的になされなければならない。前者はある意味で認識のレベルで行なうことが可能であるが、後者の場合は、私たちのコミュニケーション的行為にがっちりと組み込まれ、コミュニケーションおよび他者との関係をつくりあげるさまざまな相互行為的活動のなかで、一種の規範的な「形式」を脱構築していくことであり、かなりの困難が待ち受けている。

ここではまず、「真実」と信じることを語る意欲を失わせるある種の力についてみておきたい。それは意味の自由を抑圧することの形態のひとつであり、自由に意味を紡ぐ語りをあらかじめ規制してしまう、何らかの力の存在を予期させるものだ。そしてそのような力を、あらためて「構成的権力」と呼んでもよいだろう。そうした権力に抵抗しつつ、語ろうと意思されたものをいかにして保護できるのかというのは、もっとも重要な言語政治学的課題である。

たとえば、嘘をつくことが罪であるとする贖罪意識、「真実」を語ることによって相手を傷つけることを恐れる優しき配慮、聞き手の「理解力」を見くびる自らの選民意識、強い権力による弾圧を恐れるがゆえの沈黙、わが身に降りかかるであろう災難を避けるための事前抑制、負け戦であることがはっきりしているという認識からくる逃避などなど、コンテクストとかかわる人物同士の関係により、さまざまな形態の構成的な権力の働きが考えられよう。

こうした事前抑制に共通してみられるのは、ことばが力を持つ（ことば行為が行為遂行的権力を有する）という認識と、自らの語りが相手に何らかの「解釈」を促すであろうという認識である。また同時にそうした認識は、ことばには「意味」があり、その意味がその通り受け入れられたり誤解されたりするという、聞き手の解釈を統御できないのではないかという不安につねに苛まれるという事態を招くものだ。

理論的には、行為体としての「意味」が自由であるならば、そうした語りをためらわせるような構成的権力は存在しないはずだが、現実の日常生活は、むしろ特定の意味を「語れ」あるいは「語るな」と命じる構成的権力が、私たちの日常生活をさまざまなかたちで支配している。

しかし、もし私たちが、聞き手の解釈を促すであろう自らの語りがどのような意味を生み出しえようと、語り手には何の責任もないと考えることができれば、私たちに語りをためらわせる構成的権力は消滅するはずだ。そして、意味の自由概念は、まさにどのような意味が生み出され、また解釈されようが、語り手には倫理的責任を追及しないことを「保障」するものとなる。

こうした考え方に対するもっとも一般的かつ強力な反応は、差別的語りや暴力的表現も何もかもが許されることを意味することになるというものであろう。しかし、こうした反発に対しては、とりあえず、それでは差別的な語りや暴力的表現は許されないとして、現実社会のなかでその抑止効果を発揮することに成功しているかを問うだけでよい。何がしかの表現は、芸術であれ、一人語りであれ、公式発言であれ、広告表現であれ、その伝えんとする意味がそのとおりに伝わる保証もなければ、また同時に、差別的で暴力的な意味を規制することも、事実上不可能であるという現実がある。たとえば、ある発言を憎悪表現と認定し、その発話者の倫理的責任を法的に問うための客観的指針を定めることは不可能であることは、表現の自由論の常識であろう。

別のかたちの反論も考えられる。すなわち、すべての個々人がみずからの紡ぐ意味に倫理的責任を負わないということは、最終的には個々人がみずから以外の人間とのかかわりを求めないことになり、人間的コミュニケーションが成立する基盤が崩壊するとの懸念である。しかし、これも心配いらない。ここでの倫理的責任の免責とは、相手の解釈によって発話者の反倫理的感情が読み取られたとしてもという条件のもとにある。換言すれば、発話の結果責任に対してはということである。ある発言に非が認められたときにそれを法的に処罰することはできない。しかし法的に処罰できないからといって、ひとが自由に他のひとを傷つける発言をしてもよいとも言えない。私たちの日常世界において、差別的発言をする者をよしとしないという感情が多くの人びとに共有されているかぎり、それが法によって処罰されなくても、そうした発言を控えさせる、ある種の構成的権力が存在すると言えるからである。それは、孤立するのではなくて、常にある種の「連帯」を基本とする、いわば「意味（を共有する）共同体」を形成する基盤となるコミュニケーションを促す、一種の「規範的な期待」が存在するからと言い換えることもできる。

前章でふれた記号の特徴のひとつである呼びかけという現象は、コミュニケーション的行為が促す、ある種の連帯感の醸成という規範的事象に由来する。日常世界においてさまざまな形式的表現が、テレビやインターネットを通して流される。私たちはそうした形式的表現に対してさまざまな形で応答する。無関心、反発、連帯感、そしてそれらの中間に位置するさまざまな「気分」の発生は、表現に対する応答という次元で、必ずやみられる、一種の規範的事象である（ただし、これらの反応は、かなり受動的なものである）。

それに対して、たとえば、ある種の連帯感を見出した瞬間から、新たな選択が自動的に課せられる。それは、多くの人びとがある形式的表現に連帯し続けるのか、それともその連帯を解消するのかという、倫理的選択である。もちろんこの段階では、個々の問題性が極めて重いものであるときにしばしばみられるように、そのような選択肢が存在していること自体を、敢えて忘れようとする場合もあるだろう。しかしそれも、ある意味で、連帯を解消することを積極的に放棄するという意味で、連帯を存続させることの一形態としてみることができるだろう。

どのようなコミュニケーション的行為も、ある表現形式に応答し、それに対する連帯を存続させるのか解消するのかという事象を含むものであると言える。必ずそうであるという意味において、それは規範的な事象であると言ってよいだろう。では、そうした連帯を維持するうえで、何がもっとも力を発揮するのだろうか。

シュリンク（2005）によれば、それは、「事実を認めず学ぶ意欲もなく保持される期待」（14）である。シュリンクの言うこの「規範的な期待」というのは、ホロコーストという唯一無二の犯罪に対するドイツ人の歴史的責任という文脈で論じられているものであるが、それは政治的無力感の一歩手前の「無関心」と表裏一体のものではないだろうか。事実を認めることもせず、また事実であるのかどうかを学ぶことを厭うことによって、応答責任を果たす義務を放棄すること、それは形式としては無関心という態度として表出されるであろう。その無関心の形式を共有する人間が多数派を形成することになれば、政治的無力感が漂うことになる。

もちろん、形式が形式として通用する前提として、すでにその形式が多数の人びとに支持されていなければならないことが挙げられる。いわば、「形式による連帯」である。あるいは形式を共有する形式共同体、ないしは形式を共有する「表現共同体」が存在すると言ってもよいであろう。現代ではこのような共同体は、もちろん地域的境界と重なるものではない。テレビやインターネットを通じて流される特定の表現形式を支持しているという感覚、あるいは否定しないとする感覚をもっていれば十分な、空間的形式と言い換えてもよいだろう。

こうした「連帯」は、明らかに構成的権力の形成を促すエンジンのひとつであると思う。問題は、「(支配的意味をのせる）形式による連帯」を、いかにして「(支配的意味への対抗言説を支える）意味による連帯」にもっていくのかということになる。通常「形式による連帯」は、意味を問うことをしない。特定の表現形式に連帯するか否かは、そこに込められているはずの意味の真偽とも関係しない。真実であるのか嘘であるのかは、そこでは問われない。形式に忠実でありさえすればよいというのが、形式主義の唯一の規則であることから、形式主義が絶対化すると、とんでもないことが起こりうる。

一方、「意味による連帯」をめざすことは、無批判に特定の形式に自らの行為を合わせるのではなしに、その形式に込められた意味そのものを問うことになる。しかし、現代は、その意味を問うということが困難であるということによって特徴付けられるのである。政治的無関心（＝無力感）との闘いは、意味を問うことが無意味ではないという「実感」をいかにして多くの人びとと共有できるかにかかっている。

意味による連帯を阻むもの

どのような言語表現を選び、同時にどのような意味構成を認めるのかという選択は、仮の主体としての個々人が決定する。表面的には、外形として実現される表現を自発的に選ぶのは個々人の責任においてなされるとされる。そして、そのような自律した個人を前提とする法は、そのような個人に選択の自由を認めている。

そのような法と個人の関係性の外にある人びととは、そこに法の起源としての暴力を発見する。ある種の関係性が構築される場における社会的意味の闘争は、多くの場合、そうした法の外にある側から始められる。意味の闘争は、法の内というアリーナで行われるかぎり、法の外にある人びとは、はじめから不利な情勢にある。それは、法の内部でしか通用しないルールは、最初から法の外という領域を排除しているがゆえに、法の外にいる人々は最初から闘う資格さえ認められないからである。したがって、戦略としてはまず、法の内に限定される闘技空間を、どのようにして法の外にまで広げるかということから始める必要がある。

具体的には、法の内部で用いられる言説空間をかく乱する試みとして、その言説空間内部で固定化されている関係性を問い直して再構築する必要がある。ところが、法の外に追いやられている側の人びとが、じつは、積極的に、法の内で規定された関係性を求めることがあるという、やっかいな、一種の超えがたい壁のようなものが出現する場合がある。いわば、固定化した関係性の要請が、そこからはじかれているはずの人びとによって、積極的に求められる瞬間である。

たとえば、人権概念など無縁であると威勢を張る生徒が、教師の忠告の権威性から身を守ろうとするときに、逆に人権概念に頼って発せられる、「センコーは生徒を信じるもんだろ?」(赤田 2003:36) というせりふは、そのような志向性が強く表現されている。学歴社会のなかで勝者が敗者を駆逐していくのを押しとどめる教育実践を求める先生たちの側からすれば、それは、上からの権威に支えられた「信頼関係という近代的な〈秩序〉を無意識に求めてしまっている」とものと映る。「教師の存在を根底的に否定するのではなく、彼らのなかにある学校の「物語」を要求してくる。……その物語のキーワードは、言ってしまえば〈反差別と平等〉なのである」となれば、そうした先生たちは、「彼らは、言葉とはうらはらに〈壁〉をほしがっているんじゃないか、という直感」(37) を認識せざるをえない。「役割意識は崩壊しており、子どもたちにとっての「壁」の役目を果たさなくなった」(54)というのが、赤田先生の結論である。

このような観察に見られるのは、「平等」とか「反差別」といった概念に対する、完全に信頼感を失ってしまっている生徒たちの反乱である。しかも、そうした概念に嫌悪感を感じて拒否するという、ある意味で直線的ともいえる関係性ではなくて、逆にそれらの概念の虚構性を嫌悪すると同時に、その虚構性の権威を利用して、みずからの位置を確保しようとする錯綜した関係性が構築されるのである。おそらく、こうした概念の最上位概念である、「人権」や「平和」という概念は、そうした態度がもっともよく表出される対象となっているように思う。

下嶋(2004)による沖縄における平和教育の現場からの報告も、そのような情況をよく伝えている。ひめゆり学徒隊員だった女性と平和教育にたずさわる元教員の講演のあとに行われた討論のなかで発せられた、「言葉が心に届かない」という女子高生の発言。これまで何度となく同じような講演を繰り返してきた戦争体験者たちの発することばが磨かれれば磨かれるほど、戦後世代の共感を得られない表現しか生み出しえなくなることを知らねばならないという不条理が、下嶋の報告にははっきりと捉えられている。ある男子高校生は、「戦争しちゃいけない? なんで? したっていいじゃん」という発言さえしている。しかし、この男子高校生にしても、さきの女子高校生にしても、じつは、「那覇からバスで北へ二時間あまり」の「かなり不便な所」で開かれたこの平和教育の場に集まったのは、平和の重要性を認識しているからこそである。かの男子高校生は、発言は計算ずくの挑発であったとして、「平和が大事なことは分かりきっている。分かりきったことを言い合って、分かりきった結論に達する。これって、WHY?を許さない学校の平和学習と同じ。意味ないです。僕らはここに自主的に集まったんですから」（229）と述べている。

こうした発言からうかがえるのは、平和教育や人権教育における、正しい言説の権威の押し付け的側面を直感的に捉える姿勢である。ここにこのような啓発教育の難しさがあるのだ。もちろん、沖縄戦の悲惨さや原爆の恐ろしさを伝えようとする人びとは、みずからの権威を守ろうなどとはまったく意識していないに違いない。しかし、結果としてそのような人びとから発せられたことばが、ある種の権威性を帯びていると受け取られるという現実が、そこにはある。むしろ、ことばでは何も語らないほうが、より多くを伝えることができるのかもしれない。しかしそれは、ローカルな場所でそれぞれ参加者がすでにお互いをある程度知っているようなところでは有効なものかもしれないが、平和や人権といった概念をもって語らなければならない場は、すでにもっとグローバルな場として出現している現在、経験も慣習も共有したことのない人びとが理解できる、あらたな言葉で、語るしかないことが、よりこの問題を難しくする。

このような言説の無力化という悪循環のなかで、「平和」や「人権」概念に対する攻撃の総動員体制とでも呼べる同時代感情がかなり広がっている現状がある。たとえば、伝統や忠孝といった観念に結び付けることで人間関係を基礎付ける強固な「壁」を築こうとする試みは、現代日本のいたるところでみられるようになっている。そこではことばの社会的意味がかぎりなく限定化されていき、特定のコンテクストとの繫がりが抽象的な関係性として成り立たなくなっていくと、結局はすべてが言語ゲームに帰することになってしまう。しかし、そうであっても、アレントが捉えたように、やはり人間はことばを用いなければならない運命にある政治的存在である。ことばを用いるということはまた、同時に、ことばによって特定の関係性を維持し、みずからの社会的位置を安定させることでもある。換言すれば、多くの社会的関係が言語によって構成されるとする言語構成論が正しいとすれば、自らの立脚点となる、ある程度まで安定していると感じられる「関係性」を想定する必要があるということになる。問題は、そのような関係性が、限定された意味しか込められていない、一種の虚構の関係性を強く求めることばによって構築されているということなのである。

「人権」が語られれば語られるほど、「平和」が語られれば語られるほど、当初それに込められようと努力された意味が薄められていくという現象は、すでに私たちにとっては当たり前のものとなってしまっている。みずからの言説の権威性を、みずからの行為において否定するという、むずかしい言語実践がこれほど求められている時代もないであろう。自戒を込めて反省するのは、とくに、言説の権威性に頼ることに慣れきっている人びとは、このことをあらためて考えてみる必要がありそうだ。私たちは、幼少時のころから、さまざまな言説の権威性に雁字搦めにされてきている。大学生や院生たちに接して一教員として思うことは、すでに死語と化した「最高学府」の虚構性を、それを表現することばはもたないのだけれども、それを知り尽くしているという行動を、たとえば「無気力」あるいは「無関心」というかたちで示す学生が、もはや多数派を形成しているのではないかという実感である。

さきに触れたコーネルの「イマジナリーな領域」への権利とは、「意味の自由」を求めることでもあるが、それは「無関心」との闘いにおいて必要なものである。もちろんそれは、単なる意味の徹底的相対化とは次元を異にする。脱構築という実践が、多くの場合徹底的相対論として誤って批判されたことにもみられるように、意味として固定化される要素はすべて差異の権利を有するという無責任な主張であると受け取られたことがあった。しかし、古来より、人間社会における「自由」に関しては、つねにそれを統制する何らかのルールが構築されてきたように、意味の自由も例外ではない。

みずからの言説の権威性をみずからの言説行為において否定することが可能となるためには、内面のモニターのスイッチを入れたり切ったりすることが、他者に知られることなくできるような環境が保障されていなければならない。現行憲法が保障する表現の自由の問題圏においては、主として個人の側が発信する場合を前提としているが、意味の自由概念は、受信に際しての権利としても構想される。問題は、受信した内容をどのように判断することもでき、またその判断内容を、公にすることももちろん可能ではあるが、公にしないこともまったく自由である空間が保障されているかどうかということである。この場合、ある特殊言説を、その権威性のもとで理解するかどうかは、個々人が決定するものであるとの了解がまず必要である。さらにその言説内容をどのように判断したのかを、公にしてもよいし、公にしなくてもよいことを保障する心的空間が必要となる。このような情況を、言説の発信・受信の主体としての人間という視点からではなくて、発せられる言説の帯びる意味という視点からみるのである。

平和教育においても人権教育においても、戦争体験者や被差別者の語りは、直接の体験者としての権威性のみならず、平和なそして差別のない状態にあることがある意味で普遍的に善であるという多くの人びとの共有する感覚から生まれる権威性の表現として発せられるだけではなく、同時に聞く人びともそのように受け取られなければならないものとして聞かれることになるのではないだろうか。さらに、啓発活動の参加者は、その権威性の呼びかけに、そのとおりに応えなければならないという暗黙の了解による「圧力」を感じるのではないだろうか。そうした圧力が、さきの高校生のような意見となって表れるのであろう。

これを、言説の帯びる社会的意味の自由という視点からみると、啓発する側が、それが実際の体験者によるものであっても、その通りに実現されるかどうかは未知数であるということを前提にしなければならない。そうしてはじめて、参加者からあがる「違和感」を受け止める余地が生まれるであろう。

こうした捉え方は、ある意味で倫理的であることから、すなわち他者の心的空間を侵害してはならないという禁止立法的命令としての力をもたないがゆえに、あまりにもナイーブすぎるという反論がなされるであろう。しかし、禁止という強制力をもたせた法として立ち上げることが、じつは何も解決したことにはならないのも事実なのである。何を禁止して何を禁止の対象からはずすのかは、つねに恣意的な判断としてしか示されえないものである。現行憲法が保障する表現の自由概念は、原理的にはそうした恣意性の問題から逃れられない。

イマジナリーな領域への権利は、そうした意味で倫理的な実践としてしか表現しえないものである。だが同時にそれは、一種の「心的法」でもある。しかしその法的なものとしてのそれは、他者の心的空間を侵害することを禁止するのではなくて、侵害しないように促すだけのものである。それは、構成的権力という形で、望ましいとされる価値観や思想が力を獲得していくための源泉でもある。むしろ、そこに、これから先の、あるべき未来を構築する空間が誕生するのではないだろうか。もちろん、倫理そのものを「教育する」ことなどは、このような意味からもふさわしくないだけではなくて、そもそも倫理は、教え込むことによっては達成されないものであるのだ。だれも、みずからの心的領域を侵害されたくないという感情をもっているならば、他者の心的領域を侵害してはならないという倫理も、同様に支持されることを私は信じたい。そして特定の倫理観が多くの人びとに支持されるのは、法によって強制されるからではなくて、多くのひとがみずからの意思によってそれに従うという形で、構成的権力となるからである。そのようなかたちで機能する構成的権力は、命令に従うことによってではなくて、自発的にそれに従うよう促されることによってのみ力をもつ。それが、心的空間を保障する法的なものである。

この、直接的に実定法によって保障されるものではなくて、一種の「心的法（psychic law）」によって保障されるものであるという点は重要だ。「心的生活を送っていくための道徳的空間としてのイマジナリーな領域は、世代間の関係において、また人間という脆い生き物が一個の人格となるために必要な道徳的な空間を知覚するときに、私たちを導くという意味での法」（コーネル 2003:20）によって保障されるものである。

またそれは、井上（1997:127）が提示する、「反転可能性」によってその妥当性が検証されうるものかもしれない。反転可能性とは、自らのとる立場が他者の立場に反転してもなお、首尾一貫して受容可能なものであることを意味するもののようだ。換言すれば、みずからの行為が、他者にとっても、正義にかなうものとして受容可能かどうかと解釈してもよいだろう。もちろん、意味の自由における意味自体は、送る側と受け取る側との間でつねに生産されるものであり、そこに正義に反するものがあるかどうかは、当該の意味自体には何の責任もないものである。そこにどのような意味づけをするかは、人間の行うことであり、また「反転可能性」の有無を判断するのも人間である。そのような意味で、意味の自由を確保するためには、人間を行為主体とする表現の自由が必要であることがわかる。したがって、意味の自由は、決して表現の自由に対立するものではなくて、むしろ補完しあうものである。

もちろん、現行のどのような実定法においても、それを禁止するようなものはない。それはあくまで、個々人の内面のレベルにおける、倫理的侵犯の問題である。したがって、実定法において禁止されないことは、むしろ望ましいことである。それに反して、私たちは、ある倫理的判断の表示を強制するような法を立ち上げようとする動きが目立ってきている状況に立ち会っている。たとえば、君が代斉唱の強制に従いたくないという良心を、斉唱時に立たないというかたちで表示することはできないが、立ったとしても、少なくとも歌わない、声をださないという形の逃避空間に逃げ込むことさえ許さないというのは異常である。君が代を斉唱する「声量」が十分か否かを測るというのは、そうした心的空間の存在さえ許さないことを示している。

それでも、空間を管理する側からすれば、つねに管理の基準となる、さまざまなかたちで人びとの関係を縛るためのルールが必要であろう。たとえば、良心の自由を合法的に侵害するためのルールという、形容矛盾が実現されるような法が必要となるのである。さらにまた、そのような法の外に置かれている人びとまでが、自発的にその法を求め従うということがなされるようになると、いつのまにか、さまざまな「自由」が合法的に侵害可能となっていくという悪循環が生まれる。

社会的意味の闘争は、こうして永遠に続くことになる。それは良いとか悪いとかの問題というより、私たちは、みずからをそのような闘争のなかで、どのようにしてみずからの尊厳を保つのかという決定を、いつでもつねに下すことが要求されるということを示しているにすぎないのかもしれない。

赤田先生対する生徒による上からの「形式」への依存、下嶋氏の描く高校生による形式の押し付けへの反感は、前者においては形式を求める一方で後者においては形式を受け入れないという一見正反対の現象であるようにみえる。しかし、いずれも、意味と形式との関係で言えば、形式主義の勝利と言えよう。平和や人権という「意味」は、両者において、完全に敗北している。

人権という「意味」の語りは、ある一定の「形式」によって実演されてきた。しかし、その人権や平和といった意味を込めた形式によっては、もはやそれらの意味を伝えることは不可能となっていることを、この二つの例は示している。

通常、人権や平和を伝えることの難しさは、子どもたちの道徳や倫理の問題として語られることが多い。暴力的なメディアに接することが多い子供の倫理欠如といった言説が、一般的に流布している。そうした批判においては、人権や平和という意味を伝える形式の問題については、ほとんど触れられることはない。いわば、形式主義が隠蔽されているとでも言えようか。「意味」は、伝達するためには必ずやそれをのせる「形式」を必要とする。何の形式もなしに意味を伝えることは不可能である。

しかし著者の権威性が強ければ強いほど、「形式」は隠蔽される。つまり、著者が書き、語る言葉の意味は、著者独自のものであるとされ、「形式」ではなく、著者の意図とされる「意味」が前面に出されるのである。しかし、繰り返すが、意味が意味として提示されるためには、必ずや形式が必要なのである。そして、著者の死との関連で言えば、意味の自由概念は、いわば形式からの自由でもあることになる。

今日では、形式の権威性を借りて（仮想）現実を強かに生き抜くという戦略は、日常生活に欠かせない技法となっている。社会的に認知されていない言説を語るうえでもっとも大きな障害となっているのが、多数の人びとに支持されているこうした現実主義的技巧である。それは、被差別者にとってはもっとも手強く、またもっとも危険な、多数者による無関心の下地となる。

しかし、意味を求めることは、生の数量化と急速な技術の複雑化の時代においてつねに「なぜ?」と問うことでもある。それはもはや、そうすることが道理にかなうからとか、それが正義だなどと言っても通じない場所で、あえてそうするドン・キホーテになることである。ケータイを常時手放すことのできない人間に向かって、「それは何の役に立つのか?」と問うことは、現代ではまったく意味をもたない。技術は、何かの役に立つかどうかではなくて、つねに「うまくいっている」ことだけがその評価の基準となっているのだ。場所を問わずに四六時中メールを気にすることが公共のマナーに反するとか、時間の無駄だとか、常時誰かに見張られているのに等しいなどということは、いつでもどこでもケータイ・メールに浸っていることですべてが「うまくいっている」と感じている人びとにとっては、小うるさい雑音にすぎないのである。そのような人びとに向かって、ケータイが通じることの意味を考えよという命令は、心地よい思考に浸る人間の自由を侵害する暴力になるのだ。

しかし、一方でそのような人びとは、実は「失われた意味」を切実に求めているという現象も報告されている。土井（2004）の描く「〈個性〉を煽られる子どもたち」も例外ではない。狭い親密圏において、他者との関係性に対して極めて繊細な配慮を怠ることなく、相手の感情を少しも傷つけまいと演技し続けるという、一種の自己欺瞞的態度にみずからも疲れ果てる現代の子どもたち。一方では個性的であれという命令が一種の強迫観念となってしまっている現代社会において、今の自分とは異なる「未見の我」にいつかは出合えると信じつつ、親密圏における本来の自分ではない自分を何とか保持しながら生きることは、じつは非常に重苦しいものであろう。なぜなら、そうした「あるべき自分」は永久にみつかることはないからである。現代のコミュニケーション的行為の世界は、まさに「関係性の病」（20）に蝕まれているのかもしれない。

こうした時代において、「自分らしさ」という、永遠に発見不能な概念が求められるのは、高度に複雑化した社会において意味の喪失感が強まったからだという観察はおそらく正しい（ボルツ 1998）。私たちの社会でも、価値の多様化が、かつては有効だった従うべき規範の喪失を促したというのは、多くの人びとが共有する認識となっている。子供たちによる犯罪の凶悪化といった言説は、事実ではないにもかかわらずあたかも真実であるかのごとくみせかけるメディアの影響もあって、かなりの説得力をもっている。凶悪化する子どもたち、性犯罪の増加、オウム真理教の影響力、テロの危険性、北朝鮮による核開発などなど、現代社会における「不安」を煽る言説はますます増えるばかりだ。しかし、それらの不安に対して、「意味の論理」で武装した言説で挑む勝負は、最初から負けるに決まっている。「ことはそんなに単純ではないのだがね……」といった言い回しで臨むしかない言説闘争は、むしろ不安が煽られるような事件が実際に起きており、その現実化の可能性は可能性であるがゆえに、即座に否定することが難しいのだ。そんな時代状況のなかで、煽られる不安を和らげる機能を果たしているのが、倫理や道徳に訴えかけるという戦略である。昨今では、失われたものとしての伝統や愛国心として、その復権が声高に唱えられているのだ。

不安の言説が猛威をふるうとき、倫理や道徳に新たな価値があるようにみせかけることは容易であり、現代社会における優勢な「気分」がいかにして醸成されたのかという「理論」の問題を、道徳の問題へと転化させることで複雑性を縮減することができるというボルツの説明は私たちの社会にもそのまま当てはまる。

ほどよい距離――権威の源泉

さて、「形式」が持つ権威性にしたがうコミュニケーションは、つねに表層的にしかかかわらないという、無関心と表裏一体の処世術も生み出していく。ある出来事に対して一見当事者であることを装いながらも実際にはそれが表層的なものに留まってしまうという現象は、情報伝達活動と化した私たちの言語活動において、よりよい正義を求めるような「解釈しながら読む」（デリダ 1999）という実践を難しくするものである。姜尚中・森達也対談（2004）のことばを借りれば、「表層的な当事者性」（130）とでも呼べる関係性の構築である。

この同時代発言としての対談は、現代日本を覆う一種の「政治的無感動」がいかに形成されてきたのかを語っている。そのなかの、多数派を形成する人びとの、世界とのかかわり方における態度形成を論ずる文脈で、つぎのような発言がなされている。「いままでのメジャーなメディアは、結局ニュートラル・コーナーにいるという立場からものをつくり、報道を行い、そういう形で受け手もいるだろうということで循環していたと思うのです。結局、そこから生まれてくることは、やはり遠くから離れて敵対するものを見て、そこに当事者性が全然ないから、いつまでたっても問題に触れないで済む。それが一番の問題じゃないでしょうか。変な言い方ですが、〈表層的な市民主義〉という言葉がそこにドッキングしたような気がするんですよ」という政治学者姜尚中の発言を受けて、ドキュメンタリー作家である森達也はつぎのように応答している。「わかります。メディアはずっと〈ニュートラル〉を標榜し、錦の御旗にしてきましたから。でも見方を変えれば、たとえば北朝鮮やオウムに限らず、最近ではあらゆる事件において、〈被害者の気持ちになれ〉という意味での表層的な当事者性が、攻撃性に転化しながら前面に出てくることもありますよね」と。これは、北朝鮮による拉致被害者をめぐる報道にみられた、一切の反論を許さぬというある種の空気が充満した状況を語っているものである。

この「表層的な当事者性」というあり方は、中立であることを装うときに必然的に生み出される、「ほどよい距離」に支えられているものであろう。つねに一定のほどよさ、すなわち自らが決して関わる必要がないぎりぎりのところで留まることによって生まれる状態である。しかし、森の言わんとしていることは、そうした当事者性という関係性に慣れてしまっているはずの人びとが、ある事件によって、一気に「過剰な当事者性」の関係へと押し流されていくということである。そして、目指すべきは、「過剰な当事者性から脱却する、そしてもう一回当事者性に戻っていくような、そんなジグザグな運動」（131）であるということだろう。

かりに日常的言語活動のなかで「表層的な当事者性」を一貫して保つことができるとすれば、一気に「過剰な当事者性」へと押し流されることはないはずである。しかし、いみじくもベルクソンの捉える言語記号の本質としての「活動への呼びかけ」の一形態として、いつでもつねに、特定の言説を支持する当事者になれという命令が下され続けるような状況がつくりだされるとき、その命令を無視することができなくなる出来事をまえにして、私たちはかならずやそれに従う反応を示さざるをえない雰囲気が醸成される。そのとき、そこに多数者の一員としての当事者として関わっていくことを、それでもなお許否すること（すなわち多数者の意見に異を唱えること）は、かなり勇気がいる。問題は、そのときの「表層的な当事者性」を支える「ほどよい距離」の「ほどよさ」が、じつは一貫した不変のものではないことにある。この「ほどよさ」は、つねに変わりうるものであるということだ。したがって、「過剰な当事者性」という関係性においても、そして「表層的な当事者性」という関係性においても、人びとの位置自体は動いていないのであって、変わったのは、その「ほどよさ」を実感できるその距離感だけなのではあるまいか。「過剰な当事者性」は、いわば「過剰に表層的な当事者性」とでも言えるように思うのである。

こうした、表層的に当事者としてかかわる上で安全な距離、すなわち、いつでも表層的なままでいても誰からも批判されない距離を保つことは、私たちにとって、もっとも重要な処世術のひとつとなっている。しかし、そのような距離感が存在するからこそ、特定の事件を構成する特定の言説が一種の「権威」として機能する空間が生み出されるのではないだろうか。特定の事件や出来事を直接体験することができない大多数の人びとは、事件報道を筆頭とするそれら事件や出来事を描写する、誰かによって構成された言説によって、またそれを読むことによって、多数者が共有できるひとつの物語をみずから再構成していくのである。その再構成の物語は、じつはみずからが物語作者として、後世に伝承しうる物語の作者として構成したものではなくて、すでにある種の読みしか許さない「解釈用モデル」の権威を背景につくられたものを反復しているにすぎないとき、その物語は、「過剰に表層的な当事者」として語る物語になってしまうのではないだろうか。

そして、その解釈用モデルの権威性は、そうしたほどよい距離感を基礎としているものであろう。なぜなら、この解釈用モデルは、その反復可能性によって、「次のようなものが存在する可能性を容赦なく奪う――すなわち、純然たる偉大な創始者・先導者・立法者たち」（デリダ 1999:135）の存在可能性を。人びとがすでに再構成された物語を語れば語るほど、物語を語り始めたであろう物語作者の痕跡を消す作業に加担することになる。そして、その物語作者との距離が遠くなればなるほど、同時にその物語の権威性も強化されていくのである。

こうした伝達形式が完成された背景に、情報伝達に成り下がってしまった人間の言語活動の出現をみたのがベンヤミンであった。「いまや人びとが、遠くからもたらされる知らせではなく、身近な事柄の拠り所を与えてくれる情報のほうに喜んで耳を傾ける」（ベンヤミン 1996:295）ようになったことがその理由である。本来、「遠くから——それが異国という空間的な遠さであれ、伝承という時間的な遠さであれ——もたらされる知らせには、かつては権威というものがあ」（295）った。すなわち、言説の権威を支える要素としての距離が存在した。

そのような、受け手が感じる物語作者との距離感を構成するものとして誰もが逆らいえないもののひとつが、死者との距離である。死者が、「……とりわけ彼が生きた人生そのもの……が伝承可能な形式を受け取るのは、まずもって死にゆく者においてである……。……彼に関わりのあったすべてに権威を分かち与える。どんなに哀れな人間でも、死ぬときには、彼の周りの生きている人びとに対してそうした権威をもつ。物語られたものの根源には、この権威があ」（305）り、「死は、物語作者が報告しうるすべてを承認する。彼は、死からその権威を借り受け」（306）るのである。

しかし、現代社会における死は、一過性の単なる事件、出来事にすぎない。死者は、すでにそのような死者ではない。ベンヤミンの言う本来的な物語作者は、おそらく死者の権威を支えにその死の経験を伝承できたであろう。「物語には……語り手の痕跡がついている。これから語られることを自分で体験したのだと言い切れない場合には、それを他の人から聞き取ったときの状況の描写から始める、というのが物語作者の好む傾向である」（301）とベンヤミンはいう。それは、直接ではないが、聞いたという直接的経験として語る技法であろう。そのような操作を通じて、死者の権威を損なわないようにする工夫がなされるのだろう。しかし私たちの言語活動においては、すでに「経験の相場が下落してしまったのだ」（285）と断定されている。「戦争が終わったとき、私たちは気づかなかっただろうか、戦場から帰還してくる兵士らが押し黙ったままであることを？伝達可能な経験が豊かになって、ではなく、それがいっそう乏しくなって、彼らは帰ってきたのだ」（285）と。すでに「経験が新しい底値に達した」とも言い表されている。

本来の物語は、ベンヤミンによれば、「起こっていることの心理的連関が読者に押し付けられることはない。事柄を自分が理解したとおりに解釈することは読者の自由に任されており、そのことによって、物語られたことは情報にはないような振幅を得るのだ」（296）とされる。そして、「心理的ニュアンスの断念が語り手にとって自然に行われれば行われるほど、話が聞き手の記憶のなかに場を占める見込みもいっそう大きくなり、よりいっそう完全に聞き手自身の経験に同化され」（299）るという。もちろん、ここでの同化は、本来の意味で自発的なものである。

しかし、「過剰に表層的な当事者性」しか見出しえない読解は、「事柄を自分が理解したとおりに解釈する」自由を奪うような解釈用モデルのなかでなされるのであり、それが結局は、そのような強制された読みの経験に同化をせまられるという構造連関のなかで行われるのである。しがって、すでにそこには「伝達可能性の減少」という現象が実際に発生しており、人びとの「経験を交換するという能力」（285）の衰退が進行しているのである。死者の権威を借り受けた経験の伝承可能性が失われてしまった現代社会においては、ほどよい距離が生み出す（強制権力として機能する）特定の解釈用モデルの権威性によって、「過剰に表層的な当事者性」といった関係性が正当化されていると捉えられるのではないだろうか。

私たちはここで、その責任を、メディアの中立性を装う姿勢や情報伝達の特質にみることで終わらせることはできない。森も指摘するように、「過剰な当事者性」のなかからも、たとえばオウム真理教信者の監視をつづける人びとが、生身の信者との直接的触れ合いを通して、経験を交換する能力を高めることがあったという。私たちは、そのような、経験を語りうる技法を取り戻すためにはどのようにすればよいかを考えていかなければならないであろう。

メディア論として知られるベンヤミンの「複製技術時代の芸術作品」には、つぎのようなくだりもある。「観客ひとりひとりの反応の総和が、観客全体の反応を形成するわけだが、映画館においてはひとりひとりの反応が、直後に生じる集合反応によってあらかじめ制約されており、……ひとりひとりの反応は、表明されることによって、お互いをコントロールする」（ベンヤミン 1995:617）と。「あらかじめ制約されている」のは、ちょうど雑誌や新聞の写真に付される説明文が、ある特定の解釈を方向付けるかのように、「映画では、個々の映像をどう理解するかは、先行するすべての映像のつながりによってあらかじめ指示されている」（600）からでもあろう。そして、あらかじめ指示されている解釈をひとりひとりが実際に表明することによって、すなわち、ひとりひとりが、指示されたとおりの「正しい解釈」をしつつあることを「外形」として確認し合うことによって、全体の総和が形成されるというのである。

私たちは、毎日何らかの事件報道に接するたび、ブラウン管に映し出される映像の断片を見るとき、ある意味で映画館の観客のような立場におかれている。たしかにベンヤミンのいう映画館とは異なって、私たちは観る場所を共有しているわけではないが、報道映像に対してどのように反応するのが多数者の立場であるのかをほのめかす、おびただしい数のメタ言説に曝されることによって、自分がどのように振舞えばよいのかを、無意識のうちに獲得している。そしてそのような振る舞いを表明することで、あるいは「識者」や「文化人」による表明が放映されることによって、「世間」的な振る舞いのあり方が決定されていくのである。もはや私たちは、ベンヤミンの映画館のようにひとつの場所的空間に身を置く必要なくして、それぞれが別々の場所に居ながらにして同時にひとつの場を共有することができるようになっているのだ。そのような全体的振る舞いは、もはやひとつの場に居合わせる個々人によって構成されるものではない。それぞれがそれぞれの場所において、事件に関する断片的映像を観る、その映像についての説明を聞く、特定の映像と説明から事件を再構成する解釈に触れる、そのような解釈に対する「世間」の反応を見聞きする、そしてみずからもその世間の反応と同じ反応を内在化する、といった一連のコミュニケーション的行為を通して、最終的には、「世間」を構成する集合的一者が立ち現われるのだ。

では、こうした一連のコミュニケーション的行為のなかで、意味の自由を守る契機——それは政治的契機でもあるが——をつかむことによって、その連鎖を断ち切ることができないものだろうか。それが容易でない理由のひとつは、意味の自由という概念も、もちろん両義的なものと誤解されやすいからである。特定のコンテクストの制約を逃れた場で実行されるとき、それはすべての、すなわちいかに差別的であろうが、不快であろうが、正義にかなうものであろうがなかろうが、あらゆるものが自由であるとして、すべてが正当化される、というように。ちょうど、現在の憲法で保障される表現の自由と差別表現の禁止のあいだにみられる、解決の見出しがたい議論の再来となろう。しかし、そのような悲観的マップはここでは描く必要がない。現段階でも、差別表現の法的禁止は実行されえていないように、すでに差別表現の自由もある程度確保されている。また差別表現の禁止は、禁止立法というかたちで行われるものであろうが、意味の自由概念内部での自由の抑制は、立法措置にはなじまないものである。それは倫理的領域の問題であるからという理由だけではなくて、そもそも意味の自由は、国民国家に自由を譲渡した「人民」が行使するものではないからである。

したがって、意味の自由を侵害するものを法的に禁止するというのではなくて、意味の自由を侵害するような法そのもの（あるいは「法的なもの」）に対して異議申し立てをするといった戦略をとることになろう。むしろそれは、正義に反する法を維持する国家および「人民」に対抗するものであろう。たとえば、世間、世論、民意といったものは、私たちが他者のそしてみずからの経験を語ることを立ち止まらせるものとして、力を発揮することがある。そのとき、人びとの、みずからの意思は、それらが要求する解釈用モデルのなかでしかふるまうことができなくなってしまう場合があるのだ。

C・シュミットが、「人民の意志は……喝采（aclamatio）によって、すなわち反論の余地を許さない自明のものによる方が、むしろいっそうよく民主主義的に表現されうる」言ったことが思い起こされる（シュミット 2000:25）。そしてこのすぐあとに、「自由主義的思想の脈絡から発生した議会は、人工的な機会として現われるのに反して、独裁的およびシーザー主義的方法は、人民の「喝采」によって指示されるのみならず、民主主義的実質および力の直接的表現であり得る」と、いわば「茶番劇」としての議会制民主主義の偽善性をするどくついている。「喝采」による民意の構成は、意味の自由の侵害を前提とするものである。構成的権力は、ここでも両義的なものであることが確認される。喝采によって生み出され維持される構成的権力は、ネグリの想定するかぎりなく善としての構成的権力とはならない場合もあるということだ。

しかし、意味の自由を前提とする構成的権力は、一種の「神の構成的権力」のようなものとしてしか想定できないのだろうか。C・シュミットは、中世的観念としての神のみが有するとされる権力を念頭において、「すべての権力（または高権）は神に由来するという命題は神の憲法制定権力を意味している」（シュミット 1974:101）とする。ここでの神の憲法制定権力は、ベンヤミンの言葉で言い換えれば、「神の言語」[8]であろう。もちろん私たちは、神の言語に到達することなどありえない。しかし、議会制民主主義といった制度内における法の暴力性に直面するとき、その抵抗・蜂起の際の参照点として、つねに神の言語的なものを想定しなければならない。正義とは何か、正義にかなう法とはなにかを、私たちの言語で記述しつくすことは不可能である。しかし、そうした神の言語による「正義」を目指す意味の闘争を永遠につづけるためにも、意味の自由は、不可欠なものとなるであろう。

しかし問題は、人権、平和、そして正義といった、「意味による連帯」なくしては構成されえない「意味」の探求がきわめて困難な時代状況にあるということなのだ。それでも人間は、やはり意味を求め続ける存在であらねばならない。もはや「神の言語」や「神の構成的権力」など望み得ない状況のなかで、私たちが生きる意味を見出すために頼ることのできる力はどこにあるのだろうか。最後にそのことについて考えてみたい。

注

1 ファイル交換ソフトWinnyの作者逮捕（二〇〇四年五月一〇日）という事件は、著作権侵害とは何かを再定義する必要性があることを示したものである。従来の著作権者は作品を独占管理することによってできるだけ多くの収入を確保することを目指す。そして著作権法はまさにそのような著作権者＝作者の意向を実現するためのものであるわけだが、すべての作者がみずからの作品の著作権を主張するものではないだろうし、例えば基本ソフトのLinuxの例にみられるように、誰もが自由に使えることを目的に、積極的にそれを放棄する場合さえある。後述の「意味の自由」概念は著作権とのからみで論ずるものではないが、ことばによって構成される作品の場合に、とくにそのばで構成されるあらゆる作品は、公表する際に要した費用が回収された時点で著作権が有効ではなくなり、それ以上の利益を上げることは許されないといった考え方も成り立つのかもしれない。すなわち、そうした作品の著作権という概念は、本来的には否定されるべきものかもしれない。かりにそうなれば、そのような権利の剥奪といった考え方は、特許という概念にも及ぶかもしれない。安価なエイズ治療薬を一国家が独自に製造することを目指したブラジルのケースでは、特許侵害という壁を打ち破るのに時間を要したことが報じられているが、特許の内容によっては、ある意味で「特許剥奪」といった概念を正当化し、裁判によってその可否を争うということも必要かもしれない。

2 政党の宣伝放送ではないが、特定の思想を広めるといった構想の専用チャンネルはすでに存在する。衛星放送「スカイパーフェクTV」は、二〇〇四年八月一五日に「日本文化チャンネル桜」という新チャンネルを開局している。開局前に『朝日新聞』（2004/8/13）は、「日本は利己的な人間ばかり増えた。人のために身を犠牲にした人たちへの感謝と尊敬を忘れてはならない」とする水島総社長の言を引いて、同番組は「日本人本来の『心』を取り戻す」ことを目指すのだという」と伝えた。また日本の例ではないが、ブッシュ政権の成功を宣伝する連邦政府製作のニュースが、全米のローカル局へ配信されており、しかも放送時には連邦政府が製作にかかわっていることが明示されることはないとして、その問題点が報告されている（The New York Times〈電子版〉March 13, 2005）。政府広報とジャーナリズムの境目が意図的に曖昧にされるのであり、こうした傾向が強まることには問題があることは言うまでもないことだろう。

3　ただし、周波数の割り当ては国家（総務省）が行う。ちなみに携帯電話用電波の八〇〇メガヘルツ帯の割り当てをめぐって、NTT東日本BフレッツドコモおよびKDDIに優先的に割り当てる総務省の方針を不服として、ソフトバンクが行政訴訟を起こした（二〇〇四年一〇月一三日）が、最終的には配分が決定されてしまった以上訴訟継続が無意味になったとして取り下げた（二〇〇五年三月三〇日）。しかしその後総務省は、1・7ギガヘルツ帯を新たに携帯電話向けに開放し、十二年ぶりに新規参入を認める方針であり、ソフトバンクなどを軸に選定が進む見通しであるといわれる（『日本経済新聞』二〇〇五年六月二日付）。

4　「小学六年生の通知表の社会化の評価項目に「国」や「日本を」愛する心情を盛り込んでいる公立小学校が、全国で少なくとも一一府県二八市町村の一七二校にのぼる」と報道された『朝日新聞』（二〇〇三年五月三日付）。また同記事によれば、通知表は各校の校長の判断で作成されることから、教育委員会や教職員組合が把握していないケースが想定され、実数はもっと多いのではないかとされる。二〇〇二年度からの新学習指導要領が「国を愛する心情」の育成を掲げてから一年目の影響が、これだけの数となって現われたものであろう。

5　富山県立近代美術館問題を考える会編（2001）参照。

6　株式会社の有り様を定めたものである商法の規定に従えば、いわゆる社長の責任を定める条項は見当たらない。社長、副社長、あるいは専務も常務もすべて「会社を代表する権限を有するものと認むべき名称」（二六二条）であるとの記述があるだけである。商法による会社の経営執行責任者は代表取締役であり、最低限一人以上置かなければならないことになっているが、これとて複数おいている場合が多い。

7　『日の丸・君が代』強制　一挙一動を縛る東京『異常突出』」と報じた『サンデー毎日』（二〇〇四年六月一三日号）および「君が代斉唱　児童・生徒の「起立」調査　一一府県・政令市で　教師の責任追及検討の教委も」と報じた『毎日新聞』（二〇〇四年六月一三日付）。また二〇〇五年三月の卒業式で校長の職務命令に従わなかったとして、都教委は小中学校の教職員五十二人を、減給六ヵ月から戒告までの処分にしたことが報道されている。こうした動きは地方にもひろがり、広島県教委は、二〇〇五年春の卒業式および入学式において、日の丸の掲揚および「君が代」斉唱の実施についての通知文書を出して、不起立の概数や、国歌斉唱時の声量を報告するよう、県内の公立学校長に求めていることも報道されている（『朝日新聞』二〇〇五年四月一三日付）。

8　ベンヤミン（1995）参照。

第四章　〈法〉の規則的伸縮性

電磁波有害言説の囲い込み

第一章では、電磁波有害言説と無害言説との関係性を、意味の闘争という言語政治学的視点で捉えてみたが、最後にもう一度この問題を手がかりに、意味の自由について考えてみたい。

現在のところ優勢な電磁波無害言説を支える形式のひとつは、電波法およびその関連法である。携帯電話中継塔建設に反対する人びとに対してもっとも有効に機能するのが、企業行為はすべてこうした法に則って行われているのだという形式的な言説を繰り返すことである。近隣住民への十分な説明を行うことの要請も、説明会を開くという「形式」のなかで行われる。法の枠内で行っているかぎり、そこでは批判の糸口さえつかむことができないだろうという（業者側の）予測のもとに、工事は断行される。工事を止めようとするいかなる実力行使も、業務妨害として扱われる。もちろん、構築物が完成した後は、それを破壊する試みはすべて違法となる。最終的に電波が「合法的に」流されるまでの一連の流れは、すべて法の枠内という「形式」のもとで、まさに形式的に進められる。

一方、電磁波有害言説の囲い込みも、民主的という名のもとで、はやり形式的になされる。すでに全国で二〇〇件以上にも及ぶともいわれる携帯中継基地建設をめぐるトラブルに関しても、それを報道する全国メディアは少ないが、最近の例では、『毎日新聞』(2005/3/27)が、第三世代携帯基地局急増による住民とのトラブルが多発している状況を、「マイクロ波、人体に影響」とするコピーを付けて報じた。全国紙としては例外的な事例と言える。そもそも電波が人体に有害である可能性があるとする報道は、ケータイ文化の全面的肯定に寄与する報道や広告の量と比較すれば、むしろほとんど目に付かないといった状況である。

技術革新も、その傾向に拍車をかける。もはやただの電話機能しか持たなかった携帯電話端末そのものの進化に留まらない。二〇〇五年春の新入学商戦で話題となったのは、名刺サイズの端末がついた「GPSランドセル」だ。人工衛星を利用して携帯電話などからランドセルを背負う子どもの居場所が、何と五メートル単位の精度で確認できるという代物だ。同種のものとしては、警備会社との提携によるGPS付きのブレザーを発売した岡山の学生服メーカーもあるそうだ。また、子どもたちの安全性への不安から、ICタグを埋め込んだ小さな装置をランドセルにつけておいて、危険を感じたときにそのスイッチを入れると親やボランティアの携帯電話に場所を明示した危険を知らせるメールが届くシステムを導入した地域もある。テロの危険性が声高に叫ばれる現代の不安社会において、携帯電話は「安心」を保障するための必要不可欠な道具になっているわけだ。

そんななかで、携帯電話に使用されるマイクロ波被爆の危険性を語る言説を、社会的に認知されるレベルまで引き上げていくことは、きわめて困難である。ちなみにこの携帯電話に用いられる「マイクロ波」は、すでに長いこと電子レンジでも用いられてきたものでもあるが、電子レンジが作動中のマイクロ波被爆の危険性も、一般ユーザーにはほとんど知られていないが、マイクロ波は、トイレの水量調節にも使われることになるのだそうだ。東陶機器は、従来型の赤外線センサーにかえて、波長五センチ程度のマイクロ波を便器の手前付近に発信し、人の接近のみならず尿量を推定することで水量を調節可能な男性用小便器を開発した（『毎日新聞』2005/3/12）。電車のなかでケータイを睾丸に近い位置で操作し強度のマイクロ波を被爆することが、精子の量を減らすことにつながる危険性も指摘されているが、こうした便器が日常的なものになるとどうなるのだろうか。しかも、従来の赤外線センサーと異なって、マイクロ波が陶器を透過することから、センサーを目に見えない部分に取り付けることができるという。被爆の危険性を視覚的にも隠蔽することを可能にしたこの便器のデザイナーは、小便器というモノを、技術革新の意味を問うことを不可能にする「形式」にまで高めることに成功したと言える。高度に複雑化した技術は、もはや人間にその「意味」を問う機会を与えない。小便器のデザイナーは、もはやモノの形を考えるだけの単なる技術屋ではなくして、日常生活におけるライフスタイルの「形式」を意味づける構成的権力のプランナーになったと言えるかもしれない。

弱者配慮の欺瞞

電磁波有害言説の囲い込みは、弱者配慮という名においてもなされる。「優先席付近では携帯電話の電源をお切りくださるようお願いします」といったアナウンスは、心臓ペースメーカー使用者という「弱者」への配慮の「形式」として振舞う。携帯電話のマイクロ波が心臓ペースメーカーに影響を及ぼすことがあるという事実は、以前と比べれば少しは認知されつつあるが、それでも今時の首都圏の電車内では、優先席はまさに早い者勝ち優先の座席となっているのはもはや常識であろう。突然死につながる恐れがある不整脈が起きた場合に脈拍を正常に戻す、「除細動器」と呼ばれる小型の電子機器を左鎖骨の下に埋め込んでいる七〇歳の男性の投書には、このあたりの事情がよく描かれている。「電車では携帯電話から逃れようと優先席に座る。しかし優先席付近で電源を切るというマナーはまるで守られていない。……私の場合誤作動を起こした例はないが、ことは命にかかわる。常に周りを注意しながら気の休まることはない。いっそのこと優先席付近では携帯電話の電源を強制的に切るシステムを開発できないか、とさえ考えてしまう」[1]。

つい三年ほど前には、携帯電話の電源オフ車両を走らせる鉄道会社もあったのだが、昨今は優先席に限りオフという方針で統一されている。もともとは「シルバーシート」などという名称で導入されたこの特殊な座席空間は、現在では若者の道徳観批判の材料を提供する格好の空間として存在する。優先席をめぐるもっとも耳当たりのよい言説は、それらの若者のマナーを嘆き、ひいては個人の自由を尊重しすぎた戦後教育の責任を問い、その最大の原因として教育基本法を改正すべきだといった主張により説得力をもたせるのに貢献するものばかりだ。心臓ペースメーカーや除細動器の使用者への配慮を説く言説は少しずつ広がりをみせているように思うが、「電磁波過敏症」の人びとの存在を優先席問題とからめて行う議論はほとんどなされない。多くの鉄道会社は、電磁波問題市民研究会などから「電磁波過敏症」の人びとへの対策を求められており、そのような人びとの存在については知っているはずである。しかし、そうした人びとの抱える問題は無視するに足るという判断のもとに、ここでの「弱者」の範疇から除いているわけだ。一方では社会的に認知された「弱者」への配慮を示しつつ、その「弱者」の範疇に入らない人びとは最初から排除されるという現象はここにもみられる。しかも彼らは、そうした企業行為が社会的にも非難されないことをよく知っているのだ。

「弱者への配慮」という名の欺瞞性は、ほかのさまざまなところでも観察されるが、「特別支援教育」の思想にも触れておきたい。障害児の教育機会は、特殊学級や養護学校の設置によってたしかに広がったのであるが、それは徹底した（健常児との）分離教育であった。筆者が中学生のときにも特殊学級が存在していたのを記憶しているが、それほど大きな学校でもないのに特殊学級の子どもたちと触れ合う機会がまったくなかったように思う。そのことが、どのような子どもたちが在籍していたのかさえ知らなかった一因であろう。逆に言うと、分離主義はそれほど徹底していたのだと思う。その後一九七九年に、養護学校義務制が実施されている。当時は、その方針が発表された当初から、義務化反対闘争が展開されたというが、すでに成人に達していたはずの筆者は、当時脳性麻痺の障害をもつ金井康治君を支援するいわゆる「金井闘争」などについても、何も知らなかった。

そして二〇〇一年になって文部省から文部科学省となったとき、特殊教育課が特別支援教育課に変わっている。文科省によれば、特別支援教育は、特殊教育の発展という位置づけのようである。翌年の四月になって、学校教育法施行令の一部が改正され、盲・聾・養護学校入学者の基準を拡大して入学しやすくする一方で、逆に、基準に該当しても（要するに障害児と認定されても）通常学級に入学できるのは、「小中学校で適切な教育を受けることができると教育委員会が認める『認定就学者』にかぎる」とし、さらに就学指導委員会の設置もするとされた。これは一見通常学級への門戸拡大にみえるが、その実態は後退であると捉える人びとも多い。通常学級に通うかどうか、本人および保護者の意思でそうしている人びとからすればそれは当然の反応である。

文科省のこうした方針は、最近よく知られるようになってきた、ＬＤ（学習障害）やＡＤＨＤ（注意欠陥多動性障害）、アスペルガー症候群、自閉症などなど、いわゆる「発達障害」と呼ばれるものに該当する子どもたちが「増えている」という認識に支えられたもののようだ。二〇〇四年十二月の臨時国会で成立した「発達障害者支援法」というのは、じつはこうしたものに該当する子どもたちを六パーセントと推定して打ち出されているという。ここでは、自分の意思で通常学級へ通うことがなぜ許されないのか、認定就学者という存在をつくることの問題、発達障害の定義が曖昧なまま支援法といったかたちで制度化することの問題を論ずることはできないが、「次に分けられるのは誰？」それは「すべての子どもたちと、その未来です」(石川 2005)という展開になるという考え方には現実味がある。[2]

ここでは、弱者配慮の欺瞞をつくことばを引用しておきたい。前述の「金井闘争」にもかかわった二日市安さんは、「『あんたが私と一緒にいてくれたから、兄さんたちから仕送りがあった。あんたがいなくなったら、仕送りをしてもらえるかどうか、わからない』と言った母親の言葉に、つぎのように続けている。

このことばは、世の中が障害者をどう見ているかを象徴しているような気がします。結局、障害者というものは、社会にとっての一種の担保か人質のようなもので、障害者が存在することによって、社会の安定が経済的もしくは心理的に補完されるものらしいのです。経済面では、障害者の年金を親が「おまえには管理できないから」といってためこんでしまうとか、障害者を雇用する企業に助成金がおりるといったことがあります。

心理面についていえば、企業にしても自治体にしても、障害者を大事にするのが福祉国家のあり方だと思って大事にしているだけで、実際のところ、障害者自身のことはあまり考えていないのではないでしょうか。(二日市 2005:4)

もちろん「障害者」と言えども、その意味はひとりひとり異なるものであり、みずから障害者であると認識するひとがこうした捉えかたを支持しない場合もあるだろう。また「障害児」本人および保護者すべてが養護学校義務制に直接反対したわけでもないだろうし、「発達障害者」すべてが支援法の思想に反対するわけでもないことは当然である。しかし、この二日市さんのことばには、やはり障害者への配慮のかげにひそむ欺瞞性をつく力がある。「障害者を大事にするのが福祉国家のあり方だと思って大事にしているだけ」というのは、障害者への配慮を示すという表現「形式」を、「障害者自身のことを考える」という実存的意味よりも重視していることをうまくついた言い方である。二日市さんの文でもっとも悲しいのは、そうした形式主義が、自分の母親の口から表出されたということである。他人であれば忘れ去ればそれですむものが、忘れることを許さないもっとも身近な肉親の発したことばであるとは、何ともやりきれないものがある。

さて、弱者配慮の欺瞞性という現象は、医療現場にもみられる。ここで個人的な体験を語ることをお許しいただきたい。小児神経学という領域は、実際にわが子がかかわることになってはじめて知るものであったが、日本でも有数の病院であるとして紹介されていったことがある。朝十時に病院に到着し、検査と診察が終わって病院を出たのが夜七時ごろと、親にとっても長い一日であったが、自律神経に異常をきたしてさまざまな症状となって現われていた子ども本人にとっても辛く長い一日だっただろう。午後遅くなってやっと最初の診察が終わるが、その後脳波をとるために麻酔薬を飲んだ後の症状にはより一層激しいものがあった。のた打ち回る患者が休めるベッドもなく、廊下に置かれた古びた長椅子のうえで、吐き気を伴いながら筋肉が無意識に突然動き出すのを、ただ抱きしめて見守るしかない状態で、つぎの診断を待つこと二時間。やっと脳波の検査結果をもとにした、別の医師による診断が行われた。

しかし、その医師との対面経験は、信じがたいものであった。それまで子どもたちが病院でお世話になったことは何度もあり、幾人かの小児科医の先生たちに出会ったが、程度の差はあれ、その都度感謝の念を抱いたことはあれど、不信や、ましてや怒りを感じたことなどなかった。ところが、この医師の対応は、それまで会ったことのあるどの医師とも異なるものだった。本当の患者である子どもに背を向けたままカルテに目を通したきり、発せられる言葉というより、医学言説で武装された意味を載せただけの記号の連射は、親である私以上に、患者である子どものこころを傷つけるものであった。子どもがどういう経過をたどって今に至ったかについての私どもの背景説明は、当の医師にとってはすでに体制内化された医学的言説以外、素人のたわごとなど聞きたくもないと言わんばかりの形相で、きっぱりと「そんなことは知りません！」と拒絶する姿は、もっとも子どもには見せたくないものだった。「日本で一番のお医者さんだよ」などと言って、病院恐怖症の子どもをなだめて連れて行ったその先での出来事は、それまでの苦しさから逃れられるかもしれないとの期待をもたせたがゆえに、尚一層悔やまれてならなかった。そう言えば、待合室がわりの廊下で診察を待っているときに見聞きした、患者らしき十代半ばにみえる男の子が、同じ医者に、まさに「叱責」されていたのをあとで思い出した。もちろん叱責かどうかその真相は分からないが、語調やその言葉から判断してそのように聞こえたその医師の声と、その後部屋から出てきた男の子の厳しい表情は、何かを伝えているように思ったのも事実だ。インターネットで調べてみれば、学界でも活躍され、一般向けの健康雑誌などでもときおり見かけるその表情とは裏腹の言動には、理解できないものがあった。しかも、小児の神経を専門とする人びとが、子どものこころの状態に対する配慮のない言動をすることは、許せないのではなかろうか。（ここまでショッキングな経験はこのとき一度だけであったが、化学物質過敏症や電磁波過敏症であることを告げたとたん身構える傾向がその他の医師にもみられることも経験している。そのような場合、通常は、医学的な根拠が希薄であるという医師言説の権威に頼る応対をする医師が多く、みずから新しい現象を理解しようとする態度をみせる医師は少数であった。ただし、子どものこころの状態まで配慮できる良心的な医師にも、数は少ないながら出会っていることは、改めて付け加えておきたい。少し長くなってしまったが、お許し頂きたい）。

一般的に、医師に治療を望む患者という関係性においては、通常は患者側が弱者という立場にあると言えるだろう。もちろん誰が弱者かという問題は、つねにかかわっている諸人格の関係性の規定によって変わってくるので、つねに患者が弱者であるとは言えないこともある。しかし、医師は、ある意味で密室の診察室において、患者に対してどのような侮辱的な言動をとろうと、その「犯罪性」を問われることはない。医師という職業に対する社会的評価の高さは、職業倫理の逸脱をも隠蔽する力をもつ。医師は、取り除きたい「問題」を抱える弱者である患者をまえに、その「問題」に特定の「病」であるという診断を下し、その病から患者を自由にするという、いわば弱者の救済者として存在するはずだ。したがって、医師とは、不特定多数の一般の人間と比べても、弱者への配慮を治療行為のなかに組み込んでいることがもっとも期待されている存在である。したがって、その期待を裏切る行為は、やはり弱者配慮の欺瞞性の一形態と言わざるをえない。このように考えれば、それは医師と患者との関係性においてというより、より強い権力を行使しうる関係性が現われるところではどこでも弱者配慮の欺瞞性は観察できるのではなかろうか。親と子ども、夫と妻、教師と生徒、司祭と信者、……などなど。およそ何の関係性も生まれ得ない関係というものは、コミュニケーション的行為が運命付けられた人間にとってはあり得ないであろう。そして、民主主義的であるとされる社会においては、弱者への配慮はつねに善であるとされ、それを実現するための法を準備し、配慮の表現技法も磨かれる、というわけだ。

〈情報を知らされない〉弱者という点では、「電磁波過敏症」を自覚する必要のない、携帯電話の一般ユーザーもその例に漏れない。たとえば『北海道新聞』(2005/3/4)による、英国放射線防護局(NRPB)のウィリアム・スチュアート理事長へのインタビュー記事が出ている。そこでは、子どもたちのなかでも特に七歳以下の子どもたちは携帯電話を使用すべきではないとする同防護局の報告書に沿った見解が紹介されているが、もちろん全国紙では報道されていない。こうした「情報」がほとんど知らされていない多くのケータイ・ユーザーは、〈電磁波過敏症ではないがゆえに〉弱者ではないと信じ込まされているわけだ。しかしそれは、本当は弱者であることを〈情報を与えないことによって〉隠蔽されているからにすぎないのではないか。みずからが弱者であることが当人たちに知られないようにする「情報統制」がいかにうまく機能しているのかがわかろう。

もっとも、かりにそんなことを知らされても、別に「情報弱者」であるなどとは考えず、弱者に認定されることなどむしろ余計なお世話だと感じる人びともいるであろう。しかし、かりに、現在の携帯電話ユーザーが、じつは自分たちもマイクロ波被爆によって影響を受けている「弱者」であるのだという意識を持つようになれば、電磁波有害言説はもっと力を得ることができるはずだ。ところが、電磁波無害言説をのせるさまざまな表現「形式」が優勢な社会では、電磁波有害言説がちからを持たない。よって、電磁波が人体に対して有害であるとする「意味」も、ちからをもつ形式をもたないがゆえに、やはり影響力をもてない。いわば、他の解釈を許さない、特定の意味をのせた「形式」の力が勝るがゆえに、「(対抗言説を支える)意味による連帯」が形成されえないのである。電磁波が有害である可能性があるとする言説のもつ意味を共有することで形成される連帯形成の処方箋としては、(容易なことではないが)まずそのような情報統制を崩すことが求められる。

もちろん現代は、官憲による言論弾圧の時代ではない。多くの人たちがすでにインターネットという「武器」さえ手にしている社会に、私たちは住んでいる。その気になりさえすれば、電磁波有害言説に触れることは、確かに誰にも邪魔されずに可能ではある。しかし、それにもかかわらず電磁波有害言説が広まらないのは、結果として情報統制を引き起こすに寄与するそうした問題に対するメディアの及び腰的姿勢はもちろんのこと、むしろ受け手である私たちにも問題があると言わねばならない。

「合理的な愚か者」(セン 1989)である私たちは、すでに余りにも合理的にしか考えられなくなっている。マイクロ波が人体に有害であるとすれば、それがどのレベルの電波をどれくらいの期間浴びれば、どのような症状となって現われるのかを明示することが求められる。電波法と関連法規によって定められた範囲内での電波照射は合法である。よって、現段階のマイクロ波被爆は何の問題もないとする、こうした一見明快な合理的思考に、私たちは勝つことができないのである。

すでにテレビやインターネットは、世界の印象（的意味）を決定付けるものとして存在する。その一方で、新聞は、（社会的）意味を決定するという役割をもはや果たすことができていない。テレビのように即時性が売りのメディアは、その性質からして意味の構成度が薄く、即時的に「消費」される。それに対して新聞は、本質的には、何らかの編集を経た後の、少なくとも新聞社の判断の信頼性を売りにしていたはずである。ある程度まで、伝えるべき意味の構成度が密であり、したがってそれに対する反論者も、ある種の思考を経たうえでの判断に基づいて反論するという関係性が存在したはずである。もちろんそれは過去のことになってしまったかもしれない。ボルツ（1998）の提示する「意味社会」においては、意味はただ消費されるのみで、もはや「意味」を求めることは意味がないのだから。しかし、それでも私たちは、みずからの行為をその都度決定付けることができる、頼るべき指針のようなものを求めざるをえない存在であり続ける。

規則的に伸縮する尺度としての法

それでは私たちは、その都度みずからの行為を決定する基準としてどのようなものを求めるべきなのだろうか。私たちの合理的思考は、真理や本物の知の存在を予期し、それらの探究を促す。しかし、そうした方向での生の構築は、必ずしも成功しない。倫理や道徳、人間性、あるいは人権、平和といった概念は、同時代性を超えた何かを有するもの、すなわち普遍的なものとして構築され、それぞれの意味は真理や知や学問などによって基礎づけられると考えられてきたわけであるが、今日ではそのようにして権威づけられたものを差し出されることは、一種の押し付けがましさをともなうものとなった。伝授されるべき知、崇高な倫理や道徳、人間性や人権、そして平和の概念など、それぞれが固定化された表現「形式」を有するのであるが、それがまさに形式主義的なかたちのコミュニケーション的行為のなかで提示されるしかないのである。特定の知的枠組みが伝えられる教育制度、特定の倫理観や道徳的観念を涵養するための法や社会システム、理想的な人間性や人権意識、平和概念の獲得を求める教育実践などにおいて、その目標とする理念が空回りしてしまう矛盾は、やはり形式主義の勝利ゆえであると言えるだろう。

このようなところで力をもつ「形式」は、ある種の「法的なもの」として機能していると考えられる。ちょうど、法が法として機能するために（その都度法解釈を変更しうるものではなくて）つねに厳格に適用されねばならないとされるように、こうした「法的なもの」も、あまりに厳格に、すなわちあまりに合理的に適用されすぎているのではあるまいか。それは、合理主義的であることを肯定する私たちの思考の反映でもあろう。しかし一方では、大岡裁き的な判断を下しうる名裁判官への期待は、現代でも失われていない。ところが、ある意味で「嘘」を効果的に用いる判決を求めるのは、そうした合理主義とは矛盾する。

実際私たちは、厳格な尺度を有する法を必要とすると同時に、場合によってはその尺度を変えることをも要求する存在である。「人間がかくのごときものである以上、『法』はその矛盾した要求を充たしうるものでなければなりません」（末弘 1980:35）としたのは、末弘嚴太郎である。これは一九二二年に書かれた「嘘の効用」にある一文であるが、末弘はそのような「今後創造せらるべき『法』」として、「規則的に伸縮する尺度」たる法でなければならないとしている。そうした来るべき法として、法学者としての末弘が思い描いたものは、いわゆる「判例法主義」から生み出しうる法である。「個々の判決例は固定した『法』の各個の適用ではなくして、『具体的妥当性』を求めて千変万化する『法』の何物なるかを推論すべき重要材料だと考えるのです」(38)というわけだ。

筆者にはここで判例法主義の是非、またその後それが日本社会でどこまで根付いたのかを論ずる資格はないが、この「規則的に伸縮する尺度」としての「法」(ないしは「法的なもの」)という概念は魅力あるものに思える。ちなみに末弘は、「『自由』や『公平』の保障を保持しつつ、しかも『杓子定規』におちいらないもの、換言すれば『保障せられたる実質的公平』」を裁判のなかで実現しようとしたものとして、名判官主義と陪審制度を挙げたうえで、大岡裁きにみられるように前者は「法学」の否定であり、後者は時として理と公平を欠きやすいという問題があるとする。そのうえで、「『法学』はまたその『伸縮の法則』を求めるものでなければならぬと信じます」(35)と記している。

ここでは法学の果たす役割が明確に捉えられているが、法と社会の狭間で仕事をする裁判官とは異なるべき法学者の役割についても触れている。「法律上、社会上毫もかかる拘束を受けていない人々――学者――がみずからのとらわれている『伝統』や『独断』と『人間の要求』とのつじつまを合わせるために、有意または無意識的に『嘘』をついて平然としているのをみるとき、われわれはとうていその可なるゆえんを発見することができないのです。彼らがこの際採るべき態度は、一方においては法の改正でなければなりません。他方においてはまた、法の伸縮力を肯定し創造することでなければなりません」(30-31)という記述は、一般的な意味で知識人の役割を語っているものとして読める。こうした文言から読み取れるのは、裁判官や学者といった実在の人間を一種の尺度として機能させることに対する懐疑である。神はすでに殺され、名君の玉座も空席、しかも善なる人間性といったものも虚構であることが暴露されてしまった現代において、裁判官や学者にも、「命じる」権威は与えられていない。

しかし一方では、神や名君でもなく、誰とは特定できないところからあがる倫理や道徳を説く声は、意味が失われた社会ではある一定の影響力をもつ。特に、国を愛する心や、国を守る義務といった、愛国心と自己責任を問う倫理的言説が力を得ていることにもそれはみられる。ここでは、ある種の人間が別の人間に対して義務を説くという構図がある。そしてこの構図を支えるのが、煽られる「不安」である。テロの危険性、不法侵入者や暴漢に襲われる危険性は情報通信の技術革新とともにますます高まるばかりの状況のなかで、そうした不安を断固否定できる者はいない。不安を背景にした倫理的言説に誰も反対することはできないのである。

「世界に対する責任を説く倫理は、魔術から解放された世界のただなかで尺度としての人間という「御神体」を再び持ち出そうという純粋に宗教的な欲求に対応するものだ」(ボルツ 1998:115)というのは、そのような状況のひとつの解釈である。「空位になった神の席に人間性という幻影を座らせ」ることで、「人間自身が絶対的なるものの究極的保証者になる。人間性とか、人生の意味とか、人間の尊厳とか、神の似姿とかいうものは、幻影に付けられたさまざまの名称にほかならない」(117)というのだ。

崇高な倫理や道徳観念を身につけた人間が必要だとする言説が勢いを得ている時代において、神でも名裁判官でもなく、ましてや道徳的人間でもない「尺度」はどのようなものになりうるのだろうか。

先に引用した末弘嚴太郎は、「法窓閑話」のなかで、「ある人間が国家の力をかりて自己の理想を実現するために法律の改正を企てる」ことを論ずる部分がある。かりに国家が「子親に仕えて孝ならざるものは死刑に処す」とする法律を作っても、単に死刑を恐れて親不孝をしないのと、「心から親に考なるべきことを信じてそうしているものとでは、全く値打ちが違う」のであり、国家が法によって強制する親孝行は前者のみであり、それは、「親孝行の形式は作りえても、その心を作ることはできない」（末弘 1980:225）と記すこの部分は、形式主義への批判として読むことができるのはもちろんのこと、人間を尺度とすることの危険性を語ったものと解釈できる。現代日本でも顕著なように、国家の名を語りつつ、すなわち国家を行為主体として見せかけながらある理想を実現しようとするのは、国家ではなくて、人間であるからだ。

この部分はまた、構成的権力がつくりだす価値についても述べている。「心から親に考なるべきことを信ずる」ことこそ「値打ち」すなわち価値あるものであり、形式としての法が強制によって親不幸を禁じても、親不孝をしないという表現形式は同じでもその価値が違うということを言っている。禁止がなくても実現されうるためには、自発的に働く構成的権力が必要であるということだ。「立法のもとに立つべき国民一般がかかる立法をなす人々に向かって心からの敬意を払い厚い信用をおいていることが絶対に必要だ」（226）とするのは、そのような信頼がなければ法は、いわば値打ちある法として機能しないからである。

裁判所に対する信頼が必要なのは言うまでもない。裁判所、そして裁判官への信頼なくして、どうして幸福追求権が保障されえようか。日々の暮らしのなかで市民的自由が保障され、かつ裁判においては公平が保障されること、それは裁判所および裁判官への信頼につながるはずである。さきに引いた「保障せられたる実質的公平」とはそうしたことを意味するものとして解釈できる。このような保障こそ、あらたな尺度として構成されるべきものであろう。

末弘が記す「規則的に伸縮する尺度」としての法は、そのような「保障」を保障する法であるだろう。それは、民主主義的社会で民主主義的に市民的自由の権利を侵害される人びとが、その「保障されているという実感」を持つことを可能にする源泉となるものであるだろう。そのような保障されているという「実感」を生み出すものとしての法は、形式主義的な適用のみを是とする裁判官を批判する武器ともなりうるだろうし、ひいては法を改正することを促すものでもあるだろう。「裁判官が信用できないのなら、もう人間を裁判官にすることはやめて、『悪性測定器』をこしらえて犯人の悪性をはかった上、それと法律文とを一緒にいれてぐるぐるっとまわすと自然に『裁判』のできる『自動裁判製造器』を発明するといい……」(197-8)のだ。

形式に頼るだけではなくて、みずからの思考から新たな判決を生み出す一部の勇気ある裁判官が存在する一方で、まさに自動裁判製造器によるものとしか言えないような判決が決して少なくないと思われる今の時代は、裁判システムそのものの信頼性が薄まっていることを露呈している。人間が自動裁判製造器に成り下がった裁判システムが、それでも尚機能しているのは、そこに何らかの意味が見出されているからである。いや「意味の身代わり」という言うべきかもしれない。不完全な裁判システムが機能するのは、「機械と制度こそが、探し求められている『意味の身代わり』なのであ」り、「自立的な秩序における習慣化した行為が、窮極的な価値や規範に取って代わる」(ボルツ 1988:87)からなのである。コジェーヴ(1987)を引用しつつボルツは、どんな内容(すなわち意味)とも結ばれていない、形式自体を磨き上げて、「失われた『生の緊張』を……純形式的に生活世界に注ぎ込もう」(107)とする「日本的スノビズム」に触れている。そして、「日本人が完全に形式化された価値に従って生きているという」その儀礼的形式を、「生活の技巧」と呼んで、「純粋に形式的な評価を行うこの日本的スノビズムは、われわれの形式主義的概念にとって理想的な見本なのではあるまいか」と結んでいる。もちろん、ここで日本文化論を展開するものではないし、それは筆者の手に余るものであるが、日本がその「理想的な見本」であるかどうかはいざ知らず、ある種の形式を「技巧」にまで変換する能力をもつ人間が、いわゆる特定の「世論」形成でリーダーになることの危険性を観察できる社会であることは間違いない。[3]

「規則的に伸縮する尺度としての法」が成立するときの、「規則的」なるものの原点は、「近代における諸々の政体史において、一貫して基本的ではあるが抽象的なものに留まっている脆い要求――すなわち平等と連帯」(ネグリ&ハート 2003:501)であると言ってもよいだろう。ここで、ハンセン病の人びとの闘いについて触れることはそれを説明するうえで不適切ではないと思われる。『毎日新聞』論説室の三木賢治記者が、厚生労働省設置の「ハンセン病問題に関する検証会議」の委員として全国のハンセン病療養所の多くの入所者の体験談から知りえたものとして、強制隔離政策に対して入所者たちがみずから反対闘争を展開していくときの最大の武器となったのが憲法であったことを紹介している。「各療養所の自治会では役員らが憲法条文集や解説書を買い込み、頻繁に勉強会を開」き、「鹿児島の星塚敬愛園では、入所者がガリ版刷りの条文集を配り、大学教員出身の入所者が解説を付けた」という。また、静岡の駿河療養所では、四八年一一月、自治会を結成した際も憲法を教科書と」し、初代自治会長の山下一郎さんは、「条文を繰り返し読み、国の組織を駿河の入所者に当てはめるとどうなるか、と考えた」と語ったという。また現役の検事が患者として入所した熊本の菊池恵楓園では、「憲法違反の療養所運営は許しがたい」と所長と直談判して、なぜか二週間で退所していくまでのあいだ、「若い入所者相手に基本的人権について繰り返し説き、憲法の解説書を何冊も渡して読むようにすすめた」という。当時青年団長だった荒木正さんは、「自分たちが置かれた立場が違憲と知ったことが、園や国と対決する契機や理論的根拠となった」と語っている。三木記者は、「こうした各自治会での『活憲』の動きが全癩患協を生み、予防法をめぐる全国闘争へと終結された」と捉え、「九六年のらい予防法廃止まで強制隔離政策が続けられたのは、社会の側の憲法意識が『活憲』の域にまで達していなかったせいではないか」と結んでいる（『毎日新聞』2005/03/08）。ハンセン病の人びとが闘いの原点としたもの、すなわち自分たちの闘争を可能ならしめたもの、それが憲法であったわけだ。基本的人権、幸福追求権、あるいは法の下の平等といった、ひとが人間として生きるために保障されなければならないもの、それを実際に保障しているものとして、彼らは憲法を発見したわけだ。憲法で保障されていることを実感できてはじめて、押し付けられてきた

「形式」のほうが間違っていたのだと確信でき、新たな意味を構築することができるということだ。

保障の実感

この事例は、まさに、憲法の構成的権力とは何かをうまく説明しうるものとなっている。法の下の平等が保障されているという「実感」が得られるのは、最高法規としての憲法に構成的権力が備わっていると認識するからである。それは、各人が構成的権力の構成者のひとりであるのだと実感されるということである。憲法が反対闘争を展開する契機となったということは、憲法の謳う法の下の平等という思想、基本的人権といった概念を支える構成的権力がそこにあったということだろう。その意味で、構成的権力とは、らい予防法による強制隔離政策に対してみずからはどのように生きるべきかの「選択の行為であり、ある地平（強制隔離を違憲とする）を切り拓く確固たる決定であり、まだ存在していない（法の下の平等も基本的人権も無縁の存在）ことではあるけれども、その存在条件（法治国家において法の下の平等と基本的人権が保障されるべき人間であること）そのものが創造的行為がその特徴を創造のなかで失うことはないということを予見させるような何ごとかのラディカルな装置」（ネグリ 1999:50）であるのだ。しかも、「法、憲法は構成的権力のあとからやってくるものであり、法に合理性や形象を与えるのは構成的権力なのである」（53）。憲法は単なる条文ではなくして、憲法を支えにみずからの未来の生を創造しうる力の源泉として出現するもの、すなわちそうした機能が憲法に見出されるところに構成的権力が生まれるのである。憲法が構成的権力のあとからやってくるとは、たとえばそういうことだろう。

そしてそのような構成的権力が見出されてはじめて、憲法は、最高法規として存在可能となるということか。

基本的人権を侵害されている人びとがその不合理さを認識するとき、人間ははじめてみずからの未来の生のかたちを想像=創造することができる。第二章でふれたコーネルの表現を借りれば、それは「イマジナリーな領域」での実践である。そこでは、過去から現在のみずからの生がどのようなものであったのか、そしてそこから未来の生をどのようなものとして思い描くのかが決定される。過去の、現在の、そして来るべきみずからの生のかたちをどのように意味づけるかは、基本的人権が保障されるべき存在としての自己を認識してはじめて可能となる。みずからの生の過去の意味、現在における生の意味、そして今後どのようにありたいのかを基礎付ける意味は、そこであらたに発見されるであろう。そしてみずからそれらの意味を発見するためには、「意味の自由」が前提となる。ここでは、意味の自由圏は、「イマジナリーな領域」と重なる。

尺度としての法のもつべき「規則的な伸縮」を促す動力のひとつは、「保障されているという実感」である。そのためには、みずからが、法の下の平等、基本的人権が保障されるに足る人間であることを発見する必要がある。そうしてはじめてみずからの過去の生、現在の生、そしてきたるべき生のかたちを想像=創造しうるのだ。それはすべて、「構成する活動」（ネグリ&ハート 2003:511）である。

末弘の「規則的な伸縮」という表現はそのような意味を込めて解釈すべきだろう。ただ、「規則的」という表現は、ともすれば「合理的」と同じ意味に格下げされてしまいかねない。ここでは「構成的な伸縮」としてもよいだろう。すなわち、基本的人権の保障を参照点として「構成的に伸縮する尺度」としての法というかたちで捉えられよう。尺度としての法が構成的なものであるということは、人びとがみずからの生の過去から未来をどのように意味づけできるかにかかってくる。法がつねに平等の保障を実感させるものであるかぎり、ひとは自発的にその法に従うという選択をするのだ。みずからの生を充実したものにするためには、意味の自由が前提である。そうした意味の自由があってはじめて、「保障の実感」をもてるのだ。そこでは、意味の自由が、民主主義的にはたらく構成的権力を立ち上げていくのに不可欠であることが了解されよう。換言すれば、ともすれば「世論」と一体となって少数意見を抑圧することもある構成的権力をよりよい民主主義を実現する方向に導くためには、基本権を保障されている存在であることの「実感」を、政治的無力感に対置する必要があるということだ。そしてそのためには、形式主義を打破するために、意味をかぎりなく自由にしてやらなければならないのである。だからこそ、電磁波有害言説を語ることは、幸福追求権を参照点として、電波法およびその関連法規を改正し、さらに憲法に「環境権」を盛り込むことを要求するものとなるのだ。[4]

そして、人びとが法の下の平等、基本的人権、あるいは幸福追求権などを保障されているという実感がもてるのは、そうした権利が「民主主義的に」侵害されないことが重要である。病院においても、学校においても、職場においても、従来からの伝統として機能する「形式」に従うことだけが、医師の、教師の、あるいは幹部の仕事とばかりに日々の行為を繰り返すことは、そうした人びとの力の影響に逆らえない人びとの、「イマジナリーな領域」への権利、すなわち、みずからの生を想像＝創造する権利を侵害することになる。それはまた、「知、情報、コミュニケーションそして情動への自由なアクセスとそれらに対する統御」をみずからのものにする権利、すなわち「再領有の権利」を侵害することでもあるのだ。「イマジナリーな領域への権利」、そして「再領有の権利」が侵害されているとき、同時に「意味の自由」も侵害されている。今日では、人びとの基本権の侵害は、目に見えるかたちで暴力的に行われる場合よりも、むしろ「民主主義的に」なされることが多い。しかも、形式面からいえば民主主義的侵害は合法的であるということでもあり、そうした侵害に対しては戦略的な闘いが求められる。権利侵害が民主主義的になされている場合、そこで意味の自由が侵害されていることを示すことは比較的簡単にできる。つまり、意味の自由が侵害されているか否かは、権利侵害が発生しているかどうかのひとつのバロメーターであると言えるだろう。意味の自由という概念は、単なる意味の浮遊論とは異なって、私たちの基本権を拡大し、またそれを憲法に盛り込んでいくためには必要不可欠であると思われる。みずからも一教員として、自戒を込めて言わねばならないのは、他者に上からの力の影響を及ぼしうる者は、他者が紡ぐ意味の自由を侵害してはならないということである。

注

1　『朝日新聞』（2005/4/2）。ペースメーカーへの影響はある程度知られるようになってきているが、体内式の除細動器についてはほとんど知られていないのではないか。心臓発作などのときに用いられる体外式のほうがまだ知られているかもしれない。たとえば、足利市内十ヵ所の市有施設に自動体外式除細動器（ＡＥＤ）を配置するといった報道も目に付く（『産経新聞』2005/04/06付）。

2　もちろん、同法の掲げる早期支援が可能となることは、「障害」であるとの社会的認知が得られずに孤立している人びとが歓迎するのは当然であり、十分理解できる。しかし、そうした「障害」を有する子どもをもつ親にとっては、支援法の成立ですべてが解決するわけではない。そうした子どもたちが成人に達して社会生活を営むことになったとき、「社会」が受け入れるかどうかがもっとも大きな問題である。厚生労働省の障害福祉専門官が、「乳幼児期から成人期まで一貫した支援体制を作っていく中で行政内部で啓発を進め、十年後までには社会に正しい理解を広めたい」（『毎日新聞』2005/01/09付）とのコメントを出しているが、そんな短期間でそれが実現できるのだろうか。「社会に正しい理解」が根付くためには、おそらく障害児と健常児との「分離教育」が克服されることが必要であると思う。そのためには、普通学級への通学をより現実的レベルで実現できるような具体的方策が望まれよう。たとえば、重度障害児が普通学級を希望する場合に親の付き添いが当然とされる風潮に対して、「国が保障する義務教育で、授業中も含めた子どもの学校生活のサポートを、なぜ親がしなければならないのだろうか」（平山由紀恵「親の付添いをなくす会」代表、『朝日新聞』2005/03/12付）として分離教育の再考を促す意見に対応できるようにすることもそのひとつであろう。

3　最近では、北田（2005）でもこの問題に触れている。二〇〇五年四月十五日に出された衆院憲法調査会の最終報告書では、知る権利・アクセス権およびプライバシー権とともに、環境権を「新しい人権」として規定すべき旨報告された。かりに環境権が憲法に明記されたとしても、環境権がなぜ必要なのかが多くの人びとに理解されていなければならない。そうでなければ、それは単なる絵に描いた牡丹餅に終わる。環境権の意義は構成的権力によって支えられてはじめて有効に機能しうるものであり、憲法で明記されることが先ではない。「法、憲法は構成的権力のあとからやってくるものであり、法に合理性や形象を与えるのは構成的権力なのである」（ネグリ 1999:53）からだ。

あとがき

自殺者三万人時代。九八年以降、七年連続で三万人超の状態が続いていることを受け、厚生労働省はうつ病による自殺予防のための研究を開始するそうだ。研究機関は五年で予算は十億とのことであるが、報道をみるかぎり、自殺の原因と目される心理的負担を取り除くことが研究の主眼であり、恒常的電磁波被爆との因果関係まで踏み込むものではないようだ。自殺者を年齢別にみればもっとも多いのは中高年だと言われる一方で、若者たちの自殺も、ネット心中などという言葉とともに社会問題視される昨今だ。たしかに、見ず知らずの人間たちが集まっての集団自死という現象は、ネット時代特有のものに違いない。とりあえずは、自らが死を選択するからには、少なくとも生きる「意味」を見失ったからなのだと、表層的な説明は可能である。それでも、自死する人びとの痛みなど、よっぽど身近な人間でもないかぎり共有される由もないのが、現代である。私たちが他者の死を悼むという感情を喪失してしまったことが指摘されてから、すでに久しい。そして現代は、他者の死どころか、自らの死さえ、特別の「意味」をもたなくなってしまっているかにみえる。

佐世保市教委は、同級生を刺殺するという佐世保事件の少年審判において加害女児の「意思疎通能力」の低さが指摘されたことを踏まえ、今年度から子どものコミュニケーション能力を高める教員向けの研修を始めるという。また先ごろは、インターネットの自殺サイトで知り合って集団自殺を図り一人が死亡した事件の公判において、富山地裁の裁判官が、「孤立する原因は人づき合いにある。パソコンだけと向き合うのではなく、いろいろな人とつきあうことが君には欠けていた」と、生き残って自殺幇助罪に問われている男性に対して「異例の語りかけ」をしたとされる（二〇〇五年六月六日）。

「ネット依存→生身の他者とのコミュニケーションの不在→引きこもり、ニートないしは犯罪」といった図式は、もっと社会のなかで人と交わることが必要だとする、ネット世界への「耽溺」を戒める言説に支えられて、すでにある種の構成的な力を持つに至っている。こうした状況に応えるかのように、超党派の議員らでつくる「活字文化議員連盟」は、「言語力」なるものの向上をめざす「文字・活字文化振興法案要綱」をまとめ、今国会に提案し成立を目指すという（『毎日新聞』二〇〇五年六月七日付）。

しかし、ちょっと視点を変えてみればすぐわかるように、教育の現場ではすでに、情報リテラシーやコンピュータ・リテラシーといったものの習得が求められ、コンピュータや携帯電話などのＩＴ機器は日々進化を遂げている。携帯電話サービス市場への新規参入も十二年ぶりに認められることになっており、二十四時間どこにおいても電波受信が可能で、尚且つすべてを体験することなど不可能なほど多量の「娯楽」が提供されるなら、若者たちがそれに溺れざるをえないのは当然なのである。多量の情報洪水のなかで生身の他者と触れ合う機会がますます減ることは、必然の成り行きなのだ。コミュニケーション能力の欠如といった「原因」を作り出し、「言語力」の向上などという処方箋を書くことは、医学的根拠のない病を捏造し、直接診断することもなしに特定の薬を処方する、インターネット薬局で金儲けする悪徳医師の所業とあまり違わないというのは言い過ぎだろうか。

むしろ、不必要なまでに（ヤボを承知で言えば、私にはそうとしか言いようがない）進化し続ける携帯電話を量産しつづけ、そしてまた不必要なまでのソフトを提供するケータイ文化が主流となっている今、いわゆるコミュニケーション能力を高めるためにもっとも有効なのは、若者たちがケータイを「見棄てる」ことだろう。生の「意味」をことごとく不自由にするケータイ文化に愛想をつかす若者たちのなかから、ケータイを棄てて意味の自由を取り戻そうといった感性が出てくるのではないかと信じる。

不条理にも「負け組み」などと称される若者たちに接して思うことは、学力低下、コミュニケーション能力の欠如といった言説に完全に屈しているのではないかということだ。彼ら自身が、じつはそうした言説に恐れおののき、自らもそのひとりであると自発的に認識し、上述の図式を素直に受け入れてしまうのである。インターネット・リテラシーの習得を目指し、学力を補うための一般常識問題集をせっせとこなし、英語によるコミュニケーション能力をつけるためにＴＯＥＩＣの課外講座を受講するのが、今の学生たちの平均的姿である。そこそこに、自分のできるかぎりの範囲で、一生懸命に。そう、すでに多くの学生たちは、小学生高学年のころから、そこそこに一生懸命やってきているという自負さえもっているように思う。しかし、周りから言われるがままに、そこそこに一生懸命にやってきたのに、ここにきて「自分は負け組み?」とは。ここで、自分は割を食っていると考えるのは、自然な流れだろう。そこに登場したネットの世界は、そこそこに深入りしても、ある意味で仮想の世界であるがゆえに、そのことで割を食っているという感情をもつことが少ないのだろう。場合によっては、のめり込めばのめり込むほど、充実感さえ得られるのだ。

　特定のリテラシーの有無によって選別された多くの人びとに対して、再度活字に向かわせようというのは、おそらくこの問題の解決には程遠い。馬に無理やり水を飲ませることはできないというのは、誰もが知っている法則ではないか。もっとも有効なのは、やはり、ケータイ文化の暴力性を見抜いて、みずからがその象徴であるケータイへの依存を断ち切ることだろう。そのためには、上述の図式を支える、支配的な社会的意味の嘘を見破る力を身に付ける必要がある。もっともっと、意味を、自由にしてやる必要があるのだ。それは、生きる「意味」をあらたに見出すことにつながるのだと思う。そうした批判的意識が芽生えたあとでコンピュータ・リテラシーの習得を目指すのであれば、意味を不自由にしてきた言説の権威の嘘を暴く、さらに力強い批判的リテラシーが涵養されるはずだ。一旦批判的リテラシーを獲得すれば、コミュニケーション「技術」の獲得努力は、それまでのそこそこの一生懸命から、真の意味での一生懸命へと変貌するだろう。

　不自由な意味の増殖は、意味自体の自死を招く。本書を書き終えての感想だ。主流から「はずれた」

人びとをもっとも苦しめるのが、特定の現象を説明する特定の意味を込めた特定の表現を正当化する言説群の存在だ。そこでは意味はきわめて不自由になっている。意味の自由などという概念を持ち出す必要があるのも、そういった認識に基づく。本来意味は自由なもののはずだ。双方向のコミュニケーション的行為が永遠に必要なのも、話す者も聴く者も、意味を自由に解釈するからであり、意味が不自由になると、すなわち、個人の精神世界を縛る意味が特定のものに限定されてしまえば、コミュニケーション的行為は、まさに上から下へのコミュニケ的行為としてしか成立しなくなるからである。

冒頭でも触れたように、ケータイはますます、他者の死の意味も、そしてみずからの死の意味さえも希薄化するようにみえる。信徒に生きる意味を与える役割を期待されるローマ法王ヨハネ・パウロ二世の死のもつ意味を、一介の有名人の死のそれとをまったく対等にしてしまったケータイは、それを象徴するもののようだ。法王の死体を写真に取ることを禁じてきたバチカンには、もはやヨハネ・パウロ二世の死体にカメラ付ケータイを向ける人びとを遠ざける力は、すでにないようだった（Rosenthal, 2005）。ちなみにローマ法王庁が運営するバチカン放送の送信所から発信される電磁波によって健康が脅かされているとする裁判で、ローマ地裁は執行猶予付きの有罪判決を下している（二〇〇五年五月）。イタリアの司法権が及ばないとするバチカン側の主張を退けたわけだ。強力な電波を発信する一方で、さきの枢機卿会による秘密選挙「コンクラーベ」においては、煙をあげるという伝統的な方法によって新法王の「選出」が知らされたのは、ますます軽くなる一方のカトリック教徒的生の意味に神的な力を宿らせたいという必死の意思表示であるようにみえた。

死の意味が、進化する情報通信技術によって平準化され、ますます希薄化されるなかで、単に消費されるだけのものになりつつあることは否定できない。しかし死を選ぶ若者たちが「生きる意味がない」という感性を少しでも残しているとすれば、まだ「意味」探求の望みが消えていないと言えるだろう。そんな状況のなかで、みずからの生の意味を紡ぐ権利を奪うような支配的意味を押し付けるものに対して、「意味って自由なんじゃないんすか?」なんて言い返してもらえれば、筆者としてはこれほどうれしいことはない。

さて、本書の完成までには、さまざまな力に預かっている。言語政治学的論理構成の主要部分は本務校の特別研究奨励制度の助成によって可能になったものである。記して感謝したい。そして何よりも、この原稿を書くためのパワーを与えていただいた編集者の力がもっとも大きいのは言うまでもない。本文中でも述べたように、著者独自のオリジナリティなどというものはほとんどわずかにすぎない。さまざまな人びとの残した言葉や意味、さまざまな生き方そのものから、文字通り借用したものがほとんどだ。構想の段階から最後の校正まで全面的にお世話になった船橋純一郎氏には、本当に感謝申し上げたい。またお忙しいなか初稿に目を通していただいた先生方、コメントをくれた大学院生のみなさん、装丁や印刷や製本などをしてくださった方々、そして本書を手にしてくださったすべてのみなさんに、感謝します。

二〇〇五年六月一五日

参照文献

赤田圭亮 2003『不適格教員宣言』日本評論社

アレント（Arendt, Hannah）1994『人間の条件』（志水訳）ちくま学芸文庫、筑摩書房

―― 1995『革命について』（志水訳）ちくま学芸文庫、筑摩書房

蟻川恒正 2004「署名と主体」、樋口他編『国家と自由――憲法学の可能性』（日本評論社）所収

芦部信喜 1983『憲法制定権力』東京大学出版会

オースティン（Austin, J.L.）1978『言語と行為』（坂本訳）大修館書店

バフチン（Bakhtin, M.）1989『マルクス主義と言語哲学』（桑野訳）未來社

Barstow, D. & R. Stein 2005 "Under Bush, a New Age of Prepackaged TV News" in *The New York Times*, March 13, 2005.

ベンヤミン（Benjamin, Walter）1994「暴力批判論」、『暴力批判論』（野村編訳）岩波書店

―― 1995「言語一般および人間の言語について」「技術複製時代」『ベンヤミン・コレクション1 近代の意味』（浅井編訳・久保訳）ちくま学芸文庫、筑摩書房
―― 1996「物語作者」「経験と貧困」「翻訳者の使命」『ベンヤミン・コレクション2 エッセイの思想』（浅井編訳・三宅・久保・内村・西村訳）ちくま学芸文庫、筑摩書房
ベルクソン（Bergson, Henri）2003a.「時間観念の歴史 第一講」（岡村訳）『みすず』no.506
―― 2003b『時間観念の歴史 第二講』（岡村訳）『みすず』no.507
バーリン（Berlin, Isaiah）1996『北方の博士 J・G・ハーマン――近代合理主義批判の先駆』（奥波訳）みすず書房
ボルツ（Bolz, Norbert）1998『意味に餓える社会』（村上訳）東京大学出版会
Brodeur, Paul. 1977. *The Zapping of America: Microwave, Their Deadly Risk, and the Coverup*. W. W. Norton & Co.
Butler, Judith 1997. *Excitable Speech: A Politics of the Performative*. Routledge.
バトラー（J. Butler）1999『ジェンダー・トラブル』（竹村訳）青土社
シャンパーニュ（Champagne, Patrick）2004『世論をつくる――象徴闘争と民主主義』（宮島訳）藤原書店
カーソン（Carson, Rachel.）1974『沈黙の春』（青樹訳）新潮文庫
コーネル（Cornell, Drucilla）2001『自由のハートで』（仲正他訳）情況出版
―― 2003『脱構築と法――適応の彼方へ』（仲正監訳）御茶の水書房
デリダ（Derrida, Jack）1999『法の力』（堅田訳）法政大学出版局
―― 2002『有限責任会社』（高橋・増田・宮崎訳）法政大学出版局
土井隆義 2004.『「個性」を煽られる子どもたち――親密圏の変容を考える』岩波書店
ファノン（Fanon, F.）1996『地に呪われたる者』（鈴木・浦野訳）みすず書房
―― 1998『黒い皮膚・白い仮面』（海老坂・加藤訳）みすず書房

藤野豊 2003「ハンセン病隔離強化の真相とは何か」『世界』（九月号）岩波書店

二日市安 2005「『障害』ってなんだろう　障害のある子と学校の歴史」、『おそい・はやい・ひくい・たかい』（No.26）ジャパンマシニスト社

Goldsmith, J.R.（1995）"Epidemiologic Evidence of Radiofrequency（Microwave）Effects on Health in Military, Broadcasting, and Occupational Studies." *International Jernal of Occupational Environmental Health*, 1:47-57, 1995.

後藤昌次郎 2005『神戸酒鬼薔薇事件にこだわる理由―「A少年」は犯人か』現代人文社

グラムシ（Gramsci, A.）1978『グラムシ＝獄中からの手紙』（上杉訳）合同出版

―― 1994『新編現代の君主』（上村訳）青木書店

―― 1995『グラムシ・リーダー』（David Forgacs編 東京グラムシ研究会訳）御茶の水書房

―― 1999『知識人と権力――歴史的・地政学的考察』（上村訳）みすず書房

ハーバーマス（Habermas, J.）1990『近代の哲学的ディスクルス（1）（2）』（三島訳）岩波書店

―― 1985,1986,1987『コミュニケイション的行為の理論（上）（中）（下）』（河上、藤沢、丸山訳）未來社

市川正人 2003『表現の自由の法理』日本評論社

井上達夫 1997「〈正義への企て〉としての法」、『岩波講座　現代の法 15　現代法学の思想と方法』岩波書店

石川憲彦 2005「次に分けられるのは誰？　LD, ADHD、アスペルガーと呼ばれる子どもたちのゆくえ」『おそい・はやい・ひくい・たかい』（No.26）ジャパンマシニスト社

礒江景孜 1999『ハーマンの理性批判――十八世紀ドイツ哲学の転換』世界思想社

姜尚中・森達也 2004「対談　何が反復されてきたのか」、『世界』（二月号）岩波書店

菊池久一 1995『〈識字〉の構造』勁草書房

―― 2001『憎悪表現とは何か』勁草書房

北田暁大 2005『嗤う日本のナショナリズム』日本放送出版協会
コジェーヴ 1987『ヘーゲル読解入門』（上妻・今野訳）国文社
ラクラウ&ムフ（Laclau, E. & C. Mouffe）2000『ポスト・マルクス主義と政治』（山崎・石澤訳）大村書店
ルフェーヴル（Lefebvre, Henri）2000『空間の生産』（斎藤訳）青木書店
―― 1971『言語と社会』（広田訳）せりか書房
李博盛 2003「福岡〈愛国心〉通知表が侵害するもの」、『世界』（一月号）岩波書店
Lilienfeld, A.M. et.al. 1978 "Foreign Service Health Status Study-Evaluation of Health Status of Foreign Service and Other Employees from Selected Eastern European Posts." Final Report, Contract No. 6025-619073, United States Department of Health, Washington, D.C., 1978.
宮田光男 2004「出エジプト――《選民意識》の光と影」、『世界』（二月号）岩波書店
―― 2003『権威と服従――近代日本におけるローマ書十三章』新教出版社
モーリス=スズキ（Morris=Suzuki, Tessa）2004a「自由を耐え忍ぶ――グローバル化時代の人間性 第二回 第二章 暴走する市場」、『世界』（二月号）、岩波書店
―― 2004b「自由を耐え忍ぶ――グローバル化時代の人間性 第七回 第七章 自由の再生（一）」、『世界』（七月号）、岩波書店
仲正昌樹 2002『法の共同体――ポスト・カント主義的「自由」をめぐって』御茶の水書房
ナンシー（Nancy, Jean-Luc）2000『自由の経験』（澤田訳）未來社
ネグリ（Negri, Antonio）、2004『〈帝国〉をめぐる五つの講義』（小原・吉澤訳）青土社
――『構成的権力――近代のオルタナティヴ』（杉村・斉藤訳）、松籟社
ネグリ&ハート（Negri, Antonio & M. Hardt）2003『〈帝国〉』（水嶋・酒井・浜・吉田訳）以文社
Negri & Hardt 2004. *Multitude: War and Democracy in the Age of Empire.*

西原博史 2003『学校が「愛国心」を教えるとき』日本評論社
荻野晃也 1999『ケータイ天国　電磁波地獄』増補版（株）金曜日
――2001「解説」、『携帯電話　その電磁波は安全か』（Ｇ・カーロ＆Ｍ・シュラム著、高月訳）集英社
――2002『プロブレムＱ＆Ａ　危ない携帯電話――「それでもあなたは使うの？」』緑風出版
――2003「電磁波で小児白血病が２倍増　確認の研究継続させない文部科学省」『週間金曜日』第４４６号（株）金曜日
岡野八代 2002『法の政治学――法と正義とフェミニズム』青土社
奥平康弘 2003『憲法の想像力』日本評論社
――2004「〈天皇の世継ぎ〉問題がはらむもの――〈萬世一系〉と〈女帝論〉をめぐって」『世界』（八月号）、岩波書店
パース（Peirce, Charles Sanders）1985『パース著作集1　現象学』（米盛編訳）勁草書房
――1986『パース著作集2　記号学』（内田編訳）勁草書房
Rea, William J.,et. al. 1991 "Electromagnetic Field Snsitivity," in *Journal of Bioelectricity*, 10 (1&2), pp.241-256.
Rosenthal, E. 2005 "The Cellphone as Church Chronicle, Creating Digital Relics," in *The New York Times*, April 8, 2005.
ソシュール（Saussure, Ferdinand de）1972『一般言語学講義』（小林訳）岩波書店
シュリンク（Schlink, Bernhard）2005『過去の責任と現在の法』（岩淵・藤倉・中村・岩井訳）岩波書店
シュミット（Schmitt, Carl）1971『陸と海と――世界史的一考察』（生松・前野訳）福村出版
――1974『憲法論』（阿部・村上訳）みすず書房
――1995『パルチザンの理論――政治的なものの概念についての中間所見』（新田訳）ちくま学芸文庫、筑摩書房
――2000『現代議会主義の精神史的地位』（稲葉訳）みすず書房

Searle, John R. 1990 "The Storm over the University" in *The New York Review of Books*, December 6, 1990.
サール（J. R. Searle）1986『言語行為——言語哲学への試論』（坂本・土屋訳）勁草書房
関良徳 2001『フーコーの権力論と自由論』勁草書房
セン（Sen, Amartya）1989『合理的な愚か者』（大庭訳）勁草書房
末弘嚴太郎 1980『嘘の効用』（末弘著作集Ⅳ、第二版）日本評論社
Shapiro, M. ed. 1984. *Language and Politics*. New York University Press.
柴田寿子 2003「力の政治と法の政治——ホッブズにおける〈政治的なものの本質〉」、『現代思想』（二〇〇三年一二月号）青土社
下嶋哲郎 2004「戦争を語り継ぐ形——未来=希望へ向かう若者たち」、『世界』（六月号）岩波書店
高橋哲也 2004『教育と国家』講談社
富山県立近代美術館問題を考える会編 2001『富山県立近代美術館問題・全記録——裁かれた天皇コラージュ』桂書房
津田敏秀 2004『医学者は公害事件で何をしてきたのか』岩波書店
内野正幸 1990『差別的表現』有斐閣
ヴィルノ（Virno, Paolo）2004『マルチチュードの文法』（廣瀬訳）月曜社
渡辺正・林俊郎 2003『ダイオキシン——神話の終焉』日本評論社

著者紹介

菊池久一（きくち　きゅういち）

1958年生。

コロンビア大学大学院修了。

亜細亜大学法学部教授。研究領域は、社会言語学、言語政治学。

著 書　『〈識字〉の構造——思考を抑圧する文字文化』（勁草書房、1995年）、『憎悪表現とは何か——〈差別表現〉の根本を考える』（勁草書房、2001年）

電磁波は〈無害〉なのか——ケータイ化社会の言語政治学

2005年7月20日　第1刷発行

著　者　菊池久一
発行者　佐伯　治
発行所　株式会社せりか書房
東京都千代田区猿楽町2-2-5　興新ビル303
電話 03-3291-4676　振替 00150-6-143601
印　刷　信毎書籍印刷株式会社

ISBN4-7967-0265-2